装配式建筑建造系列教材

装配式建筑工程监理实务

主　编　李浪花　程　俊

副主编　王晓莹　刘宇清　宫大壮

参　编　甘其利　陈万清　刘　攀

　　　　余文科　王　维

主　审　范幸义

西南交通大学出版社

·成　都·

图书在版编目（CIP）数据

装配式建筑工程监理实务 / 李浪花，程俊主编. — 成都：西南交通大学出版社，2019.9
装配式建筑建造系列教材
ISBN 978-7-5643-7133-3

Ⅰ. ①装… Ⅱ. ①李… ②程… Ⅲ. ①装配式构件 – 建筑工程 – 施工监理 – 高等学校 – 教材 Ⅳ. ①TU712.2

中国版本图书馆 CIP 数据核字（2019）第 192142 号

装配式建筑建造系列教材

Zhuangpeishi Jianzhu Gongcheng Jianli Shiwu

装配式建筑工程监理实务

主　编/李浪花　程　俊	责任编辑/杨　勇
	封面设计/吴　兵

西南交通大学出版社出版发行

（四川省成都市金牛区二环路北一段 111 号西南交通大学创新大厦 21 楼　610031）
发行部电话：028-87600564　028-87600533
网址：http://www.xnjdcbs.com
印刷：成都中永印务有限责任公司

成品尺寸　185 mm×260 mm
印张　8.75　　字数　217 千
版次　2019 年 9 月第 1 版　　印次　2019 年 9 月第 1 次

书号　ISBN 978-7-5643-7133-3
定价　28.00 元

课件咨询电话：028-81435775

前　言

随着建筑工业化的快速发展推广，作为建筑产业现代化的核心——装配式结构在近几年来引进国外先进技术并总结国内以往预制大板住宅的经验与教训，相关结构体系已基本形成并得到成功应用。国家、行业和地方等有关部门相继出台了设计、施工和构件制作等方面的技术标准和技术规程，为进一步推进建筑工业化的发展奠定了基础。装配式建筑是通过新技术、新材料的应用，使其在建造过程中资源利用更合理，提高结构精度，减少渗漏、开裂等质量通病，提升了建筑的性能和质量。

本书以"应用型和管理型"建筑工程施工现场专业人员的培养为目标，内容力求"以实践为目的，以重点突出为原则"。装配式建筑监理实务包括装配式混凝土结构监理、集装箱式结构监理、钢结构和轻钢结构监理，重点针对各类型装配式建筑在施工前、施工中和施工后验收过程中的监理内容，系统介绍了装配式建筑工程监理的基本原则、方法和主要内容。

全书共7章，其中第1章和第2章由重庆房地产职业学院李浪花编写，第3章和第4章由重庆房地产职业学院程俊编写，第5章由重庆房地产职业学院王晓莹编写，第6章由北新集成房屋有限公司设计中心总经理刘宇清编写，第7章由北新集成房屋有限公司设计总监宫大壮编写。

本书可供从事装配式结构施工的技术人员、建筑工程类执业的注册人员、政府的各级相关管理人员等参考，也可作为高等院校相关专业教材。限于时间和业务水平，书中难免存在不足之处，真诚地欢迎广大读者批评指正。

编　者
2019 年 6 月

目　录

1 装配式建筑工程监理概述

1.1 装配式建筑结构

随着现代工业技术的发展，房屋可以像流水线产品那样，成批成套地制造出来：只要把预制好的房屋构件，运到工地装配起来就成了。装配式建筑在 20 世纪初就开始引起人们的兴趣，到 60 年代才终于实现。英、法、苏联等国都曾有尝试。装配式建筑的建造速度快，而且生产成本较低，因此得以迅速在世界各地推广开来。

早期的装配式建筑外形比较呆板，千篇一律。后来人们在设计上做了改进，增加了灵活性和多样性，使装配式建筑不仅能够成批建造，而且样式更加丰富。美国有一种活动住宅，是比较先进的装配式建筑，每个住宅单元就像是一辆大型的拖车，只要用特殊的汽车把它拉到现场，由起重机吊装到地板垫块上，再和预埋好的水道、电源、电话系统相接，就能使用。活动住宅内有暖气、浴室、厨房、餐厅、卧室等设施。活动住宅既能独立成为一个单元，也能互相连接起来。

装配式建筑的特点：

（1）大量的建筑部品由车间生产加工完成，构件种类主要有：外墙板、内墙板、叠合板、阳台、空调板、楼梯、预制梁、预制柱等。

（2）现场大量的装配作业，原始现浇作业大大减少。

（3）采用建筑、装修一体化设计和施工，理想状态是装修可随主体施工同步进行。

（4）设计的标准化和管理的信息化，构件越标准，生产效率越高，相应的构件成本就会下降，配合工厂的数字化管理，整个装配式建筑的性价比会越来越高。

（5）符合绿色建筑的要求。

节能环保碳排放量对比，根据在北京市房山区所做的项目测算显示，装配式建筑具有较大节省资源的优势。

1.1.1 装配式混凝土结构的发展历程

17 世纪大量移民涌入美洲时期所用的木构架拼装房屋就是一种装配式建筑。1851 年伦敦建成的用铁骨架嵌玻璃的水晶宫，是世界上第一座大型装配式建筑。第二次世界大战后，欧洲国家以及日本等国房荒严重，迫切要求解决住宅问题，又促进了装配式建筑的发展。到 20 世纪 60 年代，装配式建筑得到大量推广。

国务院总理李克强于 2016 年 9 月 14 日主持召开国务院常务会议，部署加快推进"互联网＋政务服务"，以深化政府自身改革更大程度利企便民，决定大力发展装配式建筑，推动产业结构调整升级。

会议强调，按照推进供给侧结构性改革和新型城镇化发展的要求，大力发展钢结构、混凝土等装配式建筑，具有发展节能环保新产业、提高建筑安全水平、推动化解过剩产能等一举多得之效。会议决定，以京津冀、长三角、珠三角城市群和常住人口超过300万的其他城市为重点，加快提高装配式建筑占新建建筑面积的比例。为此，一要适应市场需求，完善装配式建筑标准规范，推进集成化设计、工业化生产、装配化施工、一体化装修，支持部品部件生产企业完善品种和规格，引导企业研发适用技术、设备和机具，提高装配式建材应用比例，促进建造方式现代化。二要健全与装配式建筑相适应的发包承包、施工许可、工程造价、竣工验收等制度，实现工程设计、部品部件生产、施工及采购统一管理和深度融合。强化全过程监管，确保工程质量安全。三要加大人才培养力度，将发展装配式建筑列入城市规划建设考核指标，鼓励各地结合实际出台规划审批、基础设施配套、财政税收等支持政策，在供地方案中明确发展装配式建筑的比例要求。用适用、经济、安全、绿色、美观的装配式建筑服务发展方式转变、提升群众生活品质。

1.1.2 装配式混凝土结构的现状

装配式建筑规划自2015年以来密集出台。2015年年末国家发布《工业化建筑评价标准》，决定2016年全国全面推广装配式建筑，并取得突破性进展；2015年11月14日住房和城乡建设部出台《建筑产业现代化发展纲要》，计划到2020年装配式建筑占新建建筑的比例20%以上，到2025年装配式建筑占新建筑的比例50%以上；2016年2月22日国务院出台《关于大力发展装配式建筑的指导意见》，要求要因地制宜发展装配式混凝土结构、钢结构和现代木结构等装配式建筑，力争用10年左右的时间，使装配式建筑占新建建筑面积的比例达到30%；2016年3月5日政府工作报告提出要大力发展钢结构和装配式建筑，提高建筑工程标准和质量；2016年7月5日住建部出台《住房和城乡建设部2016年科学技术项目计划装配式建筑科技示范项目名单》，并公布了2016年科学技术项目建设装配式建筑科技示范项目名单；2016年9月14日国务院召开国务院常务会议，提出要大力发展装配式建筑推动产业结构调整升级；2016年9月27日国务院出台《国务院办公厅关于大力发展装配式建筑的指导意见》，对大力发展装配式建筑和钢结构重点区域、未来装配式建筑占比新建筑目标、重点发展城市进行了明确。

我国住宅工业化自20世纪50年代到90年代因各种各样的原因一直处于停滞不前状态。起初是向苏联学习，但是由于技术的不成熟和落后，建筑工业化的探索是不成功的。在20世纪中后期，国家开始审视住宅的性能和质量，又重提住宅工业化的目标，提出了住宅产业化、工业化的现实目标。由此，住宅工业化进入了一个崭新时期，全国各地出现了一系列新技术。万科集团在装配式住宅上是先行者，全预制装配式混凝土技术较为突出。半预制装配式混凝土结构也得到一定程度的发展。但是，目前与国外发达国家的成熟技术相比，我国装配式住宅还处于落后状态。住宅装配化率低，没有成体系的产业链，没有完全装配式住宅，专业人才欠缺等，就是我国建筑工业化落后的一些具体表现。

北京市从2007年开始进行了近10年的装配式住宅的探索实践，到2015年年底，建成了近 20 个装配式住宅工程，总建筑面积超过 150 万平方米。随着这些示范工程的试点，相关部门积累了一定经验，并编制了一批规范和标准。而实践过程也经历了试点、完善、成熟推广三阶段。2007 年，北京市建筑设计研究院和北京市榆树庄构件厂接受北京中粮万科的委托，开始了标准规范、相关技术、工艺工法的探索研究。而中粮万科假日住宅得到了"北京市住宅产业化试点工程"的称号。2013 年，北京出版了 4 套地方标准，体系进一步得到完善。伴着随后中国建筑等行业标杆企业的影响，装配式剪力墙结构的推广使用真正开始起步了。

上海是最早装配式试点城市，十分重视住宅工业化。上海市的试点项目有万科海上传奇、城建浦江，其装配化程度之高已处国内最高水平。随着这些项目工程的推进，上海的装配式住宅得到发展，逐步建立起了装配式施工、设计、生产的体系，形成了协调的产业链。上海国家住宅产业化基地的建立，也为上海继续走在前列提供了保证，使技术创新持续不断。

1.1.3 装配式混凝土结构的发展展望

BIM 的中文含义是建筑信息模型，它会对建设过程的规划、设计、勘察、施工、运营和后起维护的整个过程进行协调，提高它们的质量和效率：这是一个系统工程，不是一个软件。在建筑的整个寿命周期里，设计师、建造师、物业管理师等都可以在这个上面进行信息共享，把参数和数字进行模型化。建筑信息模型具有一系列的优势：可持续性设计、绿色施工、减少碳排量实现低碳、保证建筑的质量等。在二维建筑中使用 BIM 技术，不仅在装配式住宅中有巨大的优势，还可以体现建筑的信息化。建筑信息化发展也是未来社会发展的方向。怎样运用且运用好建筑信息模型为推动装配式住宅的产业化发展，为建筑设计的绿色探索注入高科技力量，已是当前的研究热点。

当前我国住宅市场日趋饱和，住宅建造方式正从现浇整体式向装配式方向发展转变。虽然在转变过程中不可避免地会出现各种各样的问题或阻碍转型的阻力，但可以试想，经过未来一些年的努力，一旦突破这些阻碍，中国装配式住宅产业化时代就将来临。届时，各种规范标准将比较健全，建筑产业化、工业化、规模化都会比较成型，产业链也成熟完善，随之而来的造价成本就会降低，低于现在传统住宅价格。相信建筑行业会出现星火燎原的新面貌。大幅度提高生产效率，大幅度降低环境污染和能源浪费，提高材料利用率，这是未来建筑发展的必然趋势。

1.2 工程监理

1.2.1 监理工程师

监理工程师是指经考试取得中华人民共和国监理工程师资格证书（以下简称资格证书），并按照《注册监理工程师管理规定》注册，取得"中华人民共和国监理工程师注册执业证书"和执业印章，从事工程监理及相关业务活动的专业技术人员。未取得注册证书和执业印章的人员，不得以监理工程师的名义从事工程监理及相关业务活动。

从事建设工程监理工作，但未取得监理工程师岗位证书的人员统称为监理员。在工作中，监理员与监理工程师的区别主要在于监理工程师具有相应岗位责任的签字权，而监理员没有相应岗位的签字权。

我国按照《建设工程监理规范》（GB 50319—2013）的规定，把监理人员分为总监理工程师（以下简称"总监"）、总监理工程师代表（以下简称"总监代表"）、专业监理工程师和监理员。总监、总监代表等都是临时聘任的工程建设项目上的岗位职称，也就是说如果没有被聘用，就没有总监和总监代表的头衔，而只有监理工程师的称谓。

项目监理人员岗位设定与职责如下所述。

1．总　监

总监必须具有有效的国家注册监理工程师资格，其职责为：

（1）确定项目监理机构人员及其岗位职责。

（2）组织编制监理规划，审批监理实施细则。

（3）根据工程进展及监理工作情况调配监理人员，检查监理人员工作。

（4）组织召开监理例会。

（5）组织审核分包单位资格。

（6）组织审查施工组织设计、（专项）施工方案。

（7）审查工程开复工报审表，签发工程开工令、暂停令和复工令。

（8）组织检查施工单位现场质量、安全生产管理体系的建立及运行情况。

（9）组织审核施工单位的付款申请，签发工程款支付证书，组织审核竣工结算。

（10）组织审查和处理工程变更。

（11）调解建设单位与施工单位的合同争议，处理工程索赔。

（12）组织验收分部工程，组织审查单位工程质量检验资料。

（13）审查施工单位的竣工申请，组织工程竣工预验收，组织编写工程质量评估报告，参与工程竣工验收。

（14）参与或配合工程质量安全事故的调查和处理。

（15）组织编写监理月报、监理工作总结，组织整理监理文件资料。

2．总监代表

项目监理机构可根据需要设置总监代表。总监代表经工程监理单位法定代表人同意，由总监书面授权，代表总监行使其部分职责和权力，具有工程类注册执业资格或具有中级及以上专业技术职称、3 年及以上工程实践经验并经监理业务培训的人员。

《监理规范》规定，总监不得将下列工作委托给总监代表代其履行，即：

（1）组织编制监理规划，审批监理实施细则。

（2）根据工程进展及监理工作情况调配监理人员。

（3）组织审查施工组织设计、（专项）施工方案。

（4）签发工程开工令、暂停令和复工令。

（5）签发工程款支付证书，组织审核竣工结算。

（6）调解建设单位与施工单位的合同争议，处理工程索赔。

（7）审查施工单位的竣工申请，组织工程竣工预验收，组织编写工程质量评估报告，参与工程竣工验收。

（8）参与或配合工程质量安全事故的调查和处理。

3．专业监理工程师

专业监理工程师由总监授权，负责实施某一专业或某一岗位的监理工作，有相应监理文件签发权。专业监理工程师须具有工程类注册执业资格，或具有中级及以上专业技术职称、两年及以上工程监理实践经验并经监理业务培训的人员。

专业监理工程师职责为：

（1）参与编制监理规划，负责编制监理实施细则。

（2）审查施工单位提交的涉及本专业的报审文件，并向总监报告。

（3）参与审核分包单位资格。

（4）检查、指导监理员工作，定期向总监报告本专业监理工作实施情况。

（5）检查进场的工程材料、设备、构配件的质量。

（6）验收检验批、隐蔽工程、分项工程，参与验收分部工程。

（7）处置发现的工程质量问题和安全事故隐患。

（8）进行工程计量。

（9）参与工程变更的审查和处理。

（10）组织编写监理日志，参与编写监理月报。

（11）收集、汇总、参与整理监理文件资料。

（12）参与工程竣工预验收和竣工验收。

4．监理员

监理员是具有中专及以上学历、经过监理业务培训并取得培训合格证书，在项目监理机构中从事具体监理工作的人员。其职责为：

（1）检查施工单位投入工程的人力、主要设备的使用及运行状况。

（2）进行见证取样。

（3）复核工程计量的有关数据。

（4）检查工序施工结果。

（5）发现施工作业中的问题，及时指出并向专业监理工程师报告。

1.2.2　项目监理机构

"项目监理机构"是工程监理单位派驻工程负责履行建设工程监理合同（以下简称"监理合同"）的组织机构。项目监理机构的组织形式与规模应符合监理合同规定的服务内容、范围与期限，适应工程的类别、规模、技术复杂程度、工程环境条件与特点等具体情况。项目监理机构应充分、合理发挥各专业技术人员的作用，在完成监理合同约定的工作，办理资料、财物等移交手续，并由工程监理单位书面通知建设单位后，可撤离施工现场。

项目监理机构组建步骤：

（1）监理单位书面任命项目总监理工程师（以下简称"总监"），并将《总监理工程师任命书》表 A.0.1 报建设单位、质量安全监督机构，送施工单位、设计单位等参建单位。

（2）总监根据监理合同等有关要求确定开展监理工作的内容、总目标、分解目标。

（3）总监根据监理工作目标，工程的类别、规模、环境、条件、施工技术特点、复杂程度等具体情况，确定合适的项同监理组织架构、各专业监理人员数量，配备相应的监理设施。

（4）总监根据标准、规范和监理工程特点和要求，制定项目监理机构的工作程序、工作制度、工作方法、工作质量考核标准，选用监理工作用表。

（5）总监将《项目监理机构印章使用授权书》和视工程实施情况分阶段将《项目监理机构设置通知书》报建设单位，送施工单位。

1.2.3 监理规划编制

1．监理规划的编制依据

（1）有关工程建设的现行法律、法规、规范、标准与规定。

（2）建设行政主管部门对该项目建设的批准文件（包括国土和城市规划部门确定的规划及土地使用条件、环保要求、市政管理规定等）。

（3）项目建设有关的合同文件（包括监理合同、工程合同等）。

（4）本项目的施工图设计文件（包括施工图与工程地质、水文勘察成果资料）。

2．监理规划的编制与审批责任

（1）监理规划在签订建设工程监理合同及收到工程设计文件后由总监组织编制，应在召开第一次工地会议前报送建设单位。

（2）监理规划由项目总监组织专业监理工程师编制。

（3）监理规划经总监签字后由监理单位技术负责人审批，加盖监理单位公章。

3．监理规划的编制内容

监理规划应结合工程实际情况，明确项目监理机构的工作目标，确定具体的监理工作制度、内容、程序、方法和措施，并具有指导性和针对性，且内容应包括：

（1）工程概况。

（2）监理工作范围、内容、目标。

（3）监理工作依据。

（4）监理组织形式、人员配备及进场计划、监理人员岗位职责。

（5）监理工作制度。

（6）工程质量控制。

（7）工程造价控制。

（8）工程进度控制。

（9）安全生产管理的监理工作。

（10）合同与信息管理。

（11）组织协调。

（12）监理工作设施。

4．监理规划的编制要求及注意事项

（1）监理规划基本内容构成力求统一，文字应精练、准确。

（2）监理规划的内容应结合具体项目的工程特征、规模、类别等情况来编制，具有针对性，避免按照以往的范例照抄照搬。

（3）监理规划中引用的法律、法规、标准、规范应是现行有效的，避免已过期作废的还在监理规划中引用。

（4）监理规划的编制应由总监亲自组织各专业监理工程师参与编写，明确编写责任人、编写内容及完成期限，履行编制、审批的程序和签字盖章手续，避免由资料员或少数人为完成任务而应付编写。

（5）监理规划应根据工程实施情况及条件变化进行适时调整，重新按程序报批。

1.2.4　监理实施细则编制

1．监理实施细则的编制依据

采用新技术、新工艺、新材料、新设备的工程，以及专业性较强、危险性较大的分部分项工程应编制监理实施细则。

监理实施细则应依据以下文件编制：

（1）经批准和确认的本工程监理规划。

（2）与专业工程相关的工程建设标准、工程设计文件。

（3）本工程的施工组织设计、专项施工方案。

2．监理实施细则的编制与审批

监理实施细则由专业监理工程师负责编制，由总监批准，在相应工程施工开始前完成。

3．监理实施细则的主要内容

（1）专业工程特点。

（2）监理工作流程。

（3）监理工作要点。

（4）监理工作方法及措施。

4．监理实施细则的编制要求

（1）工作程序与措施明确，具有针对性和可操作性。

监理实施细则是开展工程监理具体控制工作的内部操作性文件，内容应具有针对性和可操作性，避免按照以往的范例照抄照搬。相应的监理工作程序、工作要点及重点、工作方法及措施应符合监理规划的要求，应结合工程特点，主要以工作流程（图）、表格等形式来阐述，其控制指标应量化表示，避免过多的文字描述。

（2）监理工作控制过程有可追溯的监理记录。

监理工作本身不形成实体性产品，其工作效果与服务质量主要通过监理的文件、资料等来体现和评价。监理实施细则应明确设定控制工作的具体目标值、关联的过程性工艺参数与质量指标，结合原材料进场报验、见证取样送检、平行检测、旁站等制定相应的记录表式，在具体工作中执行使用，形成真实、量化、准确、及时、清晰的记录。

（3）及时补充与修改。

在监理工作实施过程中，监理实施细则应根据实际情况进行补充、修改，经总监批准实施。当工程条件发生变化或原监理实施细则所确定的工作流程、方法、措施不能有效发挥作用时，总监应及时根据实际情况，安排专业监理工程师对监理实施细则进行必要的补充与修改。

（4）监理实施细则编写安排。

总监应在相应工程开始前安排专业监理工程师编写，明确编写责任人、编写内容及完成期限，履行编制、审批的程序和签字盖章手续。

1.3 案例分析

某工程项目业主委托一家监理单位实施施工阶段监理。监理合同签订后，组建了项目监理机构。为了使监理工作规范化进行，总监理工程师拟以工程项目建设条件、监理合同、施工合同、施工组织设计和各专业监理工程师编制的监理实施细则为依据，编制施工阶段监理规划。监理规划中规定各监理人员的主要职责如下：

1．总监理工程师的职责

（1）审查和处理工程变更。

（2）审定承包单位提交的开工报告。

（3）负责工程计量、签署原始凭证。

（4）及时检查、了解和发现总承包单位的组织、技术、经济和合同方面的问题。

（5）主持整理工程项目的监理资料。

2．监理工程师的职责

（1）主持建立监理信息系统，全面负责信息沟通工作。

（2）检查进场材料、设备、构配件的原始凭证、检测报告等质量证明文件。

（3）对承包单位的施工工序进行检查和记录。

（4）签发停工令、复工令。

（5）实施跟踪检查，及时发现问题及时报告。

3．监理员的职责

（1）担任旁站工作。

（2）检查施工单位的人力、材料、主要设备及其使用、运行状况，并做好记录。

（3）做好监理日记。

问题：

（1）监理规划编制依据有何不恰当？为什么？

（2）监理人员的主要职责划分有哪几条不妥？如何调整。

（3）常见的监理组织结构形式有哪几种？

（4）写出组建项目监理机构的步骤。

答案（参考）

（1）不恰当之处：编制依据中不应包括施工组织设计和监理实施细则。施工组织设计是由施工单位编制指导施工的文件，监理实施细则是根据监理规划编制的。

（2）总监职责中的（3）（4）条不妥。（3）条应是监理员职责，（4）条应为监理工程师职责。监理工程师职责中的（1）（3）（4）（5）条不妥。（1）（4）条应是总监的职责；（3）（5）条应是监理员的职责。

（3）直线制、职能制、直线职能制和矩阵制。

（4）①确定项目监理机构目标；②确定监理工作内容；③项目监理机构的组织结构设计；④制定工作流程和信息流程。

2 集装箱式结构工程监理

2.1 集装箱式结构概述

作为建筑结构体系最年轻的一个分支，集装箱建筑用途广泛，类型及外形各异。不过也有共同点，那就是标准集装箱，像乐高积木一样，它可以组合创造出几乎任何东西。它们是完美的临时建筑、公共建筑、家庭住宅及其他混合功能的建筑。项目的多元化和高品质成功地使金属盒子发生了质的飞跃，犹如破茧成蝶，意在强调如何建造它，而不是建造了什么。世界各地的顶尖集装箱项目，包括许多最近的案例，其中很多还获得国内外奖项。集装箱建筑为你呈现出集装箱建筑的特质——富有创造性、灵活多变、现代感十足。

节能性上，集装箱式建筑属于复合保温层墙体，热传导性低，冬暖夏凉，100 mm 复合墙体保温性能相当于 610 m 厚的传统砖混结构墙体。而传统钢混结构建筑热传导性高保温性能一般，能源消耗大。还有集装箱式建筑施工周期短，单体 10 ~ 20 d，组合式 20 ~ 40 d 交付使用，受自然条件限制少。而传统钢混结构建筑受自然条件影响大，施工周期 190 ~ 300 d。而且集装箱式建筑在回收利用和低碳环保方面都有很好的表现。

2.2 集装箱式结构质量控制

2.2.1 施工前质量检查

集装箱用于建筑设计的模块化工具，本身具有低碳、低成本、建造时间短、可拆装运输等特性，同时又受到空间、材料等客观条件的限制，在进行集装箱建筑设计时应充分考虑集装箱模块工具的优势和不足，最大限度地发挥其结构优势，使其结构质量得到完善。第一，集装箱建筑单元运输方便，可整体迁移，集装箱组合建筑组装拆卸方便，尤其适合使用期限有限，需要更换地点的建筑类型。第二，此类建筑坚固耐用，主要结构单元由高强度钢组成，坚固耐用，具有很强的抗震、抗压、抗变形能力。第三，密封性能好，严格的制造工艺使这种可移动式建筑具有良好的水密性。第四，集装箱建筑基于整体盒子式的钢结构之上，可以通过拼接组合等手段衍生出丰富的组合空间。如办公空间、住宅空间甚至大跨度空间等。第五，结构质量较混凝土、砖混结构小，建设所需的能耗少，同时性能优越，稳定牢固，防震性能出色。第六，集装箱建筑的多数部件都是可以回收二次利用的，极大程度地降低了建造垃圾的产生，低碳环保。

建筑物作为一件耗资巨大、技术含量高的产品，它的质量关系着国计民生。工程监理将对建筑物的生命成长周期进行全方位的监督、检查和验收，确保产品质量，工程质量控制的主要程序如图 2-1 所示。项目监理机构在开工前和工程监理过程中，对施工单位的施工质量管理体系和施工技术管理体系进行审查，由专业监理工程师提出审查意见，经总监签发，并予以督促落实。

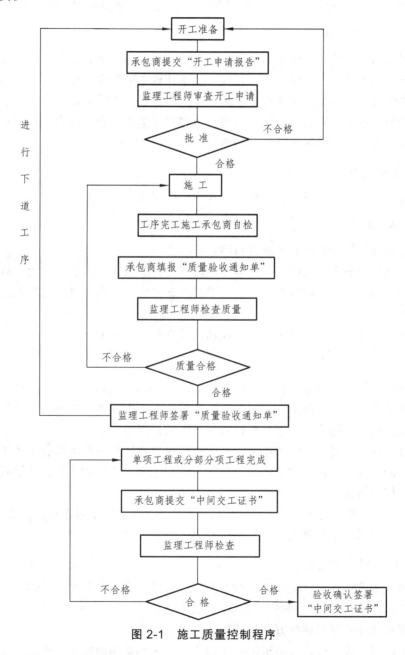

图 2-1 施工质量控制程序

集装箱式结构工程施工需要事先制定详细的施工技术方案，其主要内容包括：工地内运输构件车辆道路设计、构件运输吊装流程、构件安装顺序、构件进场验收、起重设备配置与

- 11 -

布置、构件场内堆放与运输、构件安装测量与误差控制、构件吊装方案、构件临时支撑方案、外墙挂板安装方案、防雷引下线连接与防锈蚀处理、外墙板接缝处理施工方案等。下面分别进行讨论。

1．工地内运输构件车辆的道路设计

运输构件车辆车身较长（一般为 17 m），负载较重，集装箱式结构工程施工现场应设计方便车辆进出、调头的道路。如果不采用硬质路面，须保证道路坚实，路面平整，排水通畅。

2．构件运输吊装流程

尽可能实现构件直接从运输车上吊装，减少了卸车、临时堆放、场内运输等环节。为此需了解工厂到工地道路限行规定，工厂制作和运输计划必须与安装计划紧密合拍。

如果无法实现或无法全部实现直接吊装，应考虑卸车—临时堆放—场内运输方案，需布置堆场、设计构件堆放方案和隔垫措施。当工地塔式起重机作业负荷饱满或没有覆盖卸车地点时，须考虑汽车式起重机卸车的作业场地。

3．构件安装顺序

制定构件安装顺序，编制安装计划，要求工厂按照安装计划发货。

4．构件进场验收

（1）确定构件进场验收检查的项目与检查验收方法。

（2）当采用从运输车上直接吊装方案时，进场检查验收在车上进行。由于检查空间和角度都受到限制，须设计专门的检查验收办法以及准备相应的检查工具，无法直接观察的部位可用探镜检查。

（3）当采用临时堆堆放方案时，制定在场地检查验收的方案。

5．起重设备配置与布置

（1）起重设备的选型与配置根据构件质量大小、起重机中心距离最远构件的距离、吊装作业量和构件吊装作业速度确定。目前集装箱式结构施工常用塔式起重机有 4 种可供选择：固定式塔式起重机；移动式塔式起重机；履带起重机；汽车式起重机。

（2）起重设备的布置进行图上作业，起重机有效作业区域应覆盖所有吊装工作面，不留盲区。最常见的布置方式是在建筑物旁侧布置，日本也有筒体结构建筑，将塔式起重机与在建筑物中心的核心筒位置。

（3）对层数不高平面范围大的裙楼，塔式起重机不易覆盖时，可采用汽车式起重机方案，汽车式起重机作业场地应符合汽车式起重机架立的要求。

6．构件场内堆放与运输

施工现场无法进行车上直接吊装，就需要设计构件堆放场地与水平运输方案，包括：

（1）确定构件堆放方式、隔垫方式，设计靠放架等。

（2）根据构件存放量与堆放方式计算场地面积。

（3）选定场地位置、设计进场道路和场地构造等；要求场地坚实，排水顺畅。

（4）如果场地不在塔式起重机作业半径内，须设计构件装卸水平运输方案。

2.2.2 施工过程中质量检测

将集装箱改造成适合居住的空间并不是一项艰巨的任务，这就是为什么人们常常自己动手的原因。第一步是挑选集装箱后对它们进行消毒。随后用一把圆锯在墙壁上切出一个开口，或去除多余的隔墙。喷漆后，集装箱将被装载、运输、交付现场组装。接下来安装窗户和门以及设计好的屋顶或院子。小型集装箱住宅项目的改造过程可以在车间内完成，但组装后的工作通常在现场进行。

一旦集装箱安装到位，通过螺栓和焊接将它们紧固在一起，当室外装修完成时室内工作也随即开始。首先你需要一个底层地板和一家负责天花板和墙体的建筑单位，通常天花板和墙体是木制的。建筑施工单位将提供保温、电气线路、管道和其他内置服务。墙体和天花板通常采用石膏板建成，这使得集装箱住宅的内部与传统住宅别无二致。胶合板和 OSB 板被用于预算项目的最终漆面地板以及高端项目最终漆面地板（实木复合地板、瓷砖）之下的整平层。该建筑与场地内的电力、管道、污水处理基础设施相联系并按照客户的品位进行装修。

1．集装箱式结构安装施工过程中的质量控制及管理

（1）预制构件进场验收：预制构件进场必须对各种规格和型号构件的外观、几何尺寸、埋件位置、预留孔洞等编制检查验收表，逐项进行验收合格后方可卸车或吊装。

（2）部品部件、材料进场的质量检查，查核相关检测报告、出厂合格证书，需抽样复试的进行抽样检测。

（3）依据相关国家及地方的规范及技术标准，编制详细的集装箱式结构安装操作规程、技术要求、质量标准。

在这种情况下，构件安装偏差的控制方法如下：

安装前应将轴线、墙位线及其控制线、标高控制线进行测量标注；各种构件安装时应将偏差降低到最小范围，越精确越好，可减少积累误差，对安装质量和工效会有很大的提高。调整垂直度要采用经纬仪，墙采用垂直靠尺及红外线垂直投点仪，标高测定采用高精度水准仪。

（4）进行专门的安装质量标准培训。

（5）列出集装箱式结构工程施工重点监督工序的质量管理。

（6）所有隐蔽工程的质量管理要求。

（7）代表性单元试安装过程的偏差记录、误差判断、纠正系数。

（8）外挂墙板的质量管理。

（9）成品保护措施方案。

① 构件翻身起吊时，在根部必须垫上橡胶垫等柔软物质，保护构件。

② 堆场堆放要根据各种型号构件，采用相适应的垫木、靠放架等。

③ 构件安装时严格控制碰撞。

④ 竖向支撑架上应搁置有足够强度的木方。

⑤ 安装完毕后对有阳角的构件，要进行护角保护。

在改造和交付集装箱之前，设置基础是十分必要的。这取决于结构质量大小和地面的承载能力：对于大型公寓建筑而言，混凝土基座是必要的，虽然也常会用到独立基础、条形基

础和其他类型的基础。如果地面足够坚实，例如活动建筑被安装在城市广场及停车场等，是不需要额外设置基础的。

2．独立基础的施工质量控制

独立基础的构造，应符合下列规定：

（1）锥形基础的边缘高度不宜小于 200 mm，且两个方向的坡度不宜大于 1∶3；阶梯形基础的每阶高度，宜为 300~500 mm。

（2）垫层的厚度不宜小于 70 mm，垫层混凝土强度等级不宜低于 C10。

（3）独立基础受力钢筋最小配筋率不应小于 0.15%，底板受力钢筋的最小直径不宜小于 10 mm，间距不宜大于 200 mm，也不宜小于 100 mm。墙下钢筋混凝土条形基础纵向分布钢筋的直径不宜小于 8 mm；间距不宜大于 300 mm；每延米分布钢筋的面积应不小于受力钢筋面积的 15%。当有垫层时钢筋保护层的厚度不应小于 40 mm；无垫层时不应小于 70 mm。

（4）混凝土强度等级不应低于 C20。

（5）当柱下钢筋混凝土独立基础的边长和墙下钢筋混凝土条形基础的宽度大于或等于 2.5 m 时，底板受力钢筋的长度可取边长或宽度的 0.9 倍，并宜交错布置。

（6）钢筋混凝土条形基础底板在 T 形及十字形交接处，底板横向受力钢筋仅沿一个主要受力方向通长布置，另一方向的横向受力钢筋可布置到主要受力方向底板宽度 1/4 处。在拐角处底板横向受力钢筋应沿两个方向布置。

3．柱下条形基础的施工质量控制

（1）柱下条形基础的计算，应符合下列规定：

① 在比较均匀的地基上，上部结构刚度较好，荷载分布较均匀，且条形基础梁的高度不小于 1/6 柱距时，地基反力可按直线分布，条形基础梁的内力可按连续梁计算，此时边跨跨中弯矩及第一内支座的弯矩值宜乘以 1.2 的系数。

② 当不满足本条第一款的要求时，宜按弹性地基梁计算。

③ 对交叉条形基础，交点上的柱荷载，可按静力平衡条件及变形协调条件，进行分配，其内力可按本条上述规定，分别进行计算。

④ 应验算柱边缘处基础梁的受剪承载力。

⑤ 当存在扭矩时，尚应作抗扭计算。

⑥ 当条形基础的混凝土强度等级小于柱的混凝土强度等级时，应验算柱下条形基础梁顶面的局部受压承载力。

（2）条形基础的构造，应符合下列规定：

① 柱下条形基础梁的高度宜为柱距的 1/4~1/8。翼板厚度不应小于 200 mm。当翼板厚度大于 250 mm 时，宜采用变厚度翼板，其顶面坡度宜采用小于或等于 1∶3。

② 条形基础的端部宜向外伸出，其长度宜为第一跨距的 0.25 倍。

③ 现浇柱与条形基础梁的交接处，基础梁的平面尺寸应大于柱的平面尺寸，且柱的边缘至基础梁边缘的距离不得小于 50 mm。

④ 条形基础梁顶部和底部的纵向受力钢筋除应满足计算要求外，顶部钢筋应按计算配筋全部贯通，底部通长钢筋不应少于底部受力钢筋截面总面积的 1/3。

⑤ 柱下条形基础的混凝土强度等级，不应低于C20。

2.2.3 施工后质量验收

1．工程如何进行项目验收划分

1）项目验收划分

国家标准《建筑工程施工质量验收统一标准》（GB50300—2013）将建筑工程质量验收划分为单位工程、分部工程、分项工程和检验批。其中分部工程较大或较复杂时，可划分为若干子分部工程。

质量验收划分不同，验收抽样、要求、程序和组织都不同。

（1）对于分项工程，由专业监理工程师组织施工单位专业项目技术负责人等进行验收。

（2）对于分部工程，由总监理工程师组织施工单位负责人和项目技术负责人等进行验收。

（3）设计单位项目负责人和施工单位技术、质量部门负责人应参加主体结构、节能分部工程验收。

2015年版的国家标准《混凝土结构工程施工质量验收规范》（GB50204—2015）将装配式建筑划为分项工程。

2）主控项目与一般项目

工程检验项目分为主控项目和一般项目。

主控项目是建筑工程中对安全、节能、环境保护和主要使用功能起决定性作用的检验项目。主控项目以外的项目为一般项目。

2．集装箱式结构工程结构验收的主控项目

集装箱式结构工程验收的主控项目主要集中在横向连接、竖向连接及接缝防水等方面。具体项目以及检查数量、检验方法如下：

（1）预制构件临时固定措施应符合设计、专项施工方案要求及国家现行有关标准的规定。

检查数量：全数检查。

检验方法：观察检查，检查施工方案、施工记录或设计文件。

（2）预制件底部接缝坐浆强度应满足设计要求。

检查数量：按批检验，以每层为一批；每工作班应制作1组且每层不少于3组边长为70.7 mm的立方体试件，标准养护28 d后进行抗压强度试验。

检验方法：检查坐浆材料强度试验报告及评定记录。

（3）预制构件采用型钢焊接连接时，型钢焊缝接头质量应满足设计要求，并应符合现行国家标准《钢结构焊接规范》（GB50661—2011）和《钢结构工程施工质量验收规范》（GB50205—2001）的有关规定。

检查数量：全数检查。

检验方法：应符合现行国家标准《钢结构工程施工质量验收规范》（B50205—2001）的有关规定。

（4）预制构件采用螺栓连接时，螺栓的材质、规格、拧紧力矩应符合设计要求及现行国家标准《钢结构设计规范》（GB50017—2017）和《钢结构工程施工质量验收规范》（GB50205

—2001）的有关规定。

（5）装配式结构分项工程的外观质量不应有严重缺陷，且不得有影响结构性能和使用功能的尺寸偏差。

检查数量：全数检查。

检验方法：应符合现行国家标准《钢结构工程施工质量验收规范》（GB50205—2001）。

疤、氧气铁皮、污垢等，除设计要求外摩擦面不应涂漆。

检查数量：全数检查。

检验方法：观察检查。

（6）高强度螺栓应自由穿入螺栓孔。高强度螺栓孔不应采用气割扩孔，扩孔数量应征得设计同意，扩孔后的孔径不应超过 1.2d（d 为螺栓直径）。

检查数量：被扩螺栓孔全数检查。

检验方法：观察检查及用卡尺检查。

（7）螺栓球节点网架总拼完成后，高强度螺栓与球节点应紧固连接，高强度螺栓拧入螺栓球内的爆纹长度不应小于 1.0d（d 为螺栓直径），连接处不应出现有间隙、松动等未拧紧情况。

检查数量：按节点数抽查 5%，且不应少于 10 个。

检验方法：普通扳手及尺量检查。

3．集装箱式结构工程结构验收的一般项目

集装箱式结构工程验收除了主控项目外还有一些一般项目，国家标准《装标》中对集装箱式结构工程结构验收的一般项目规定如下：

1）预制构件制作

（1）预制构件外观质量不应有一般缺陷，对出现的一般缺陷应要求构件生产单位按技术处理方案进行处理，并重新检查验收。

检查数量：全数检查。

检验方法：观察，检查技术处理方案和处理记录。

（2）预制构件粗糙面的外观质量、键槽的外观质量和数量应符合设计要求。

检查数量：全数检查。

检验方法：观察，量测。

（3）预制构件表面预贴饰面砖、石材等饰面及装饰混凝土饰面的外观质量应符合设计要求或国家现行有关标准的规定。

检查数量：按批检查。

检验方法：观察或轻击检查；与样板对比。

（4）预制构件上的埋件、预留插筋、预留孔洞、预埋管线等规格型号、数量应符合设计要求。

检查数量：按批检查。

粒验方法：观察、尺量；检查产品合格证。

（5）预制板类、墙板类。梁柱类构件外形尺寸偏差和检验方法应分别符合相应的规定。

检查数量：按照进场检验批，同一规格（品种）的构件每次抽检数量不应少于相应规定数量的 5%且不少于 3 件。

（6）装饰构件的装饰外观尺寸偏差和检验方法符合设计要求。

检查数量：按照进场检验批，同一规格（品种）的构件每次抽检数量不应少于该规格（品种）数量的 10%且不少于 5 件。

2）预制构件安装与连接

（1）装配式结构分项工程的施工尺寸偏差及检验方法应符合设计要求；当设计无要求时，应按照表 2-1 的规定。

检查数量：按楼层、结构缝或施工段划分检验批。在同一检验批内，对梁、柱，应抽查构件数量的 10%，且不少于 3 件；对墙和板，应按有代表性的自然间抽查 10%，且不少于 3 间；对于大空间结构，墙可按相邻轴线间高度 5 m 左右划分检查面，板可按纵、横轴线划分检查面，抽查 10%，且均不少于 3 面。

（2）装配式混凝土建筑的饰面外观质量应符合设计要求，并应符合现行国家标准《建筑装饰装修工程质量验收规范》（GB50210—2001）的有关规定。

检查数量：全数检查。

检验方法：观察、对比量测。

4．集装箱式结构工程结构安装验收的允许偏差

集装箱式结构工程安装的允许偏差见表 2-1。

表 2-1　预制构件安装尺寸的允许偏差及检验方法

项　目			允许偏差/mm	检验方法
构建中心线对轴线位置	基　础		15	经纬仪及尺量
	竖向构件（墙、桁架）		8	
	水平构件（板）		5	
构建标高	板底面或顶面		±5	水准仪或拉线、尺量
构件垂直度	墙	≤6 m	5	经纬仪或吊线、尺量
		>6 m	10	
构件倾斜度	桁　架		5	经纬仪或吊线、尺量
相邻构件平整度	板端面		5	2 m 靠尺和塞尺测量
	板底面	外　露	3	
		不外露	5	
	墙侧面	外　露	5	
		不外露	8	
构件搁置长度	板		±10	尺　量
支座、支垫中心位置	板、墙、桁架		10	尺　量
墙板接缝	宽　度		±5	尺　量

2.3　集装箱式结构进度控制

建筑中使用集装箱应该根据具体情况谨慎考虑。它们为项目提供了一个很好的解决方案，突出的优点例如移动性、多式联运、轻质、安装方便、价格低廉和低场地影响等。尤其与其他结构体系对比，集装箱建筑的移动性是一大优点，特别适合于建造临时建筑和活动建筑，即那些需要简单装配和事后拆除并移动位置的建筑。在这种情况下，集装箱建筑节省时间和金钱，大大简化了运输问题。当然，也有使用其他结构体系和材料更合适的情况。

2.3.1　施工前进度计划

1．施工进度计划的主要内容

（1）施工进度计划应符合施工合同中工期的约定。

（2）在施工进度计划中主要工程项目无遗漏或重复。

（3）施工顺序的安排应符合施工工艺要求。

（4）关键路线安排和施工进度计划实施过程的合理性和可行性。

（5）人力、材料、施工设备等资源配置计划和施工强度的合理性。

（6）材料、构配件、工程设备供应计划应满足施工进度计划的需要。

（7）本施工项目与其他各标段施工项目之间的协调性。

（8）施工进度计划应符合建设单位提供的施工条件（资金、施工图纸、施工场地、物资等）。

2．施工进度计划审查程序

（1）督促施工单位在施工合同约定的时间内向项目监理机构提交施工进度计划。

（2）项目监理机构在收到施工进度计划后及时安排专业监理工程师进行审查，提出明确审查意见并填入施工进度计划报审表。

（3）如果需要施工单位对进度计划修改或调整的，项目监理机构应在施工进度计划报审表中明确提出，并要求施工限期完成修改或调整后再报审。

（4）总监负责对施工进度计划进行最后审批。

3．集装箱式结构安装计划

集装箱式结构工程施工计划主要包含了集装箱式结构安装计划、机电安装计划、内装计划等，同时将各专业计划形成流水施工，体现了集装箱式结构工程缩短工的优势。

1）集装箱式结构安装计划

（1）测算各种规格型号的构件，从挂钩、立起、吊运、安装、加固、回落一个工作流程在各个楼层所用的工作时间数据。

（2）依据测算取得的时间数据计算一个施工段所有构件安装所需起重机的工作时间。

（3）对采用的灌浆料、浆料、坐浆料要制作同条件试块，试压取得在 4 h（坐浆料）、18 h、24 h、36 h 时的抗压强度，依据设计要求去确定后序构件吊装开始时间。

（4）根据以上时间要求及吊装顺序，编制按每小时计的构件要货计划、吊装计划及配备计划。

（5）根据集装箱式结构工程结构形式的不同，在不影响构件吊装总进度的同时，要及时穿插后浇混凝土所需模板、钢筋等其他辅助材料的吊运，确定好时间节点。

（6）在编排计划时，如果吊装用起重机工作时间不够，吊运辅助材料可采取其他垂直运输机械配合。

（7）根据构件连接形式，对后浇混凝土部分，确定支模方式、钢筋绑扎及混凝土浇筑方案，确定养护方案及养护所需时间，以保证下一施工段的吊装工作进行。

（8）计划内容主要包含：测量放线、运输计划时间、各种构件吊装顺序和时间、校正加固、封模封缝、灌浆顺序及时间、各工种人员配备数量、质量监督检查方法、安全设施配备实施、偏差记录要求、各种检验数据实时采集方法、质量安全应急预案等。

2）机电安装计划、内装计划

（1）通常在结构施工达三至四个楼层时，所有部品部件安装完毕后即可进入机电安装施工。

（2）在外墙门窗等完成后就可进入内装施工。

3）集装箱式结构工程施工衔接

（1）集装箱式结构工程不同于传统建筑施工，可将集装箱式结构安装、机电安装、内装组合成大流水作业方式。

（2）集装箱式结构安装施工中，生产计划与安装计划要做到无缝对接。

（3）集装箱式结构安装计划中，要将起重机的工作以每小时来计划，合理穿插各种料具运输，要使各项工作顺畅。

2.3.2　施工过程中进度控制

1．施工进度控制措施

为确保整个工程按期竣工并交付使用，项目监理机构应采取如下控制措施，对进度进行有效控制，从而实现进度控制的预期目标。

（1）建立进度控制组织架构，总监直接行使进度控制权利，安排专业监理工程师进行进度控制。

（2）督促施工单位完善进度计划保证体系，定期检查其施工进度安排，发现问题及时提出，并及时向建设单位报告。

（3）督促施工总包、分单位落实人员、材料、设备、资金投入；同时督促建设单位及时拨付工程进度款、进行材料设备选型定板、确定设计变更等，防止影响进度。

（4）应检查分包单位合同进度要求与施工总包单位制度计划是否一致，并明确分包单位相应进度管理责任。

（5）应强调施工总包单位负责总进度，分包单位以交接单规定的完成时间向施工总包单位负责。

（6）设置阶段或里程碑节点进度计划控制目标，即进度计划关键节点控制工期。如：桩基、±0.00、主体结构封顶、外脚手架拆除、砌筑、水电安装及测试、室外等工程的定成日期。根据总进度计划制定各关键节点验收时间，动态管理检查进度计划控制点完成情况并督促施工单位制订奖罚措施，最终达到工期目标。

（7）定期与不定期召开进度协调会，及时协调解决影响进度的问题。

（8）对独立分包单位实行交接单制度：如进入装修阶段之后、所有独立分包单位实行交接单制度，即所有的独立分包单位所施工的工程用为一道工序，由施工总承包单位用交接单的书面形式进行现场操作面交接，独立分包单位施工完成并经过监理验收后，再用交接单的书面形式交给施工总承包单位。

（9）严格审查并尽量优化施工单位所拟定的各项加快工程进度的措施。

（10）向建设单位、施工单位推荐措施先进、科学合理、经济实用的技术方法和手段，采用新工艺、新方法，加快工程进度。

（11）督促施工单位优化施工组织，实行平行、立体交叉作业。

（12）督促施工单位缩短施工工艺时间，减少技术间歇期，实行小流水段组织施工，以减少工作面间歇时间，加快施工进度。

（13）采用 PROJECT 软件、EXCEL、带时标网络图、实际进度前锋线或香蕉曲线等先进的信息化管理，提高管理时效性，实行动态跟踪调整。

（14）监督进度计划的实施，实际进度与计划进度不符时，及时要求施工单位修改进度计划，并提出工程按期竣工的保证措施。

（15）定期或不定期分析施工进度情况，编写施工进度控制专题报告报送建设单位。

（16）利用合同文件所赋予的权利，督促施工单位按期完成各项施工进度计划；并按合同中明确的经济手段对施工单位进度执行情况进行量化奖罚，从而对工程进度加以控制。

（17）监督施工总包单位、分包单位完成工作面的交接工作，及时处理不按规定时间交接工作面的责任方并进行处罚。

（18）协助建设单位对施工合同中有关进度条款的执行情况进行分析，必要时进行修改补充。

（19）严格审查批准工期延长事项。对不是由施工单位自身原因引起的工期延长，可以根据合同约定，批准工期的延长，涉及经济损失必须征得建设单位同意，方可批准。可以延长工期的条件：

① 因建设单位工程变更而导致工程量增加。
② 由建设单位造成的延误、干扰或阻碍。
③ 异常恶劣的气候条件。
④ 非施工单位责任的其他原因。

2．施工进度计划执行督促检查

周进度计划检查由总监代表组织建设单位现场代表、进度控制专业监理工程师、施工单位进度管理负责人，每周的监理例会前一天到施工现场实地对照检查。项目监理机构需就检查情况汇报至建设单位，并对检查异样情况及时进行纠偏和控制、提出相应合理建议。

3．施工进度计划变更管理

1）进度计划变更原则

进度计划一经审核批复，原则上不允许变更，尤其是总工期和重大里程碑工期不准延误。除非合同范围有圈套的变更，或因不可抗力发生无法履行合同的重大事件如战争、政策重大变更等，由施工单位提出变更计划的申请，经建设单位审批同意后执行。

2）进度计划变更的申报与审批

（1）非关键线路上节点工期的调整，由施工单位提出调整计划的申请。经项目监理机构审批同意后，报建设单位现场代表审查同意后执行；变更申请必须说明变更后的计划安排及保证措施，项目监理机构及建设单位必须对保证措施进行复核确认可行。

（2）一般里程碑工期调整，由执行人提出调整计划的申请，经项目监理机构审批同意后，再报建设单位审查，经建设单位审批后执行。变更申请必须说明变更后的计划安排及保证措施，项目监理机构及建设单位需提出保障措施的可行性意见。

（3）总工期和重大的里程碑工期调整，由施工单位提出调整计划的申请。经项目监理机构审批同意后，再报建设单位审查，经建设单位审批后执行。变更申请必须说明变更后的计划安排及保证措施，项目监理机构及建设单位需提出保障措施的可行性意见。通常情况下，总工期和重大的里程碑工期是关门工期，不得调整，不准延误。

3）进度计划变更方法

进度计划因客观原因确需调整的，遵循增加关键线路资源投入、压缩增加费用最少的关键任务、压缩对质量和安全影响不大的工作，优化非关键线路降低资源使用强度的原则，通过阶段动态调整，实现总控计划不变和总费用最优目标。调整前要区分是属于设计、施工单位、招标代理原因造成的偏差还是建设单位原因造成的偏差，并及时将调整信息上报。

4．施工进度计划督促与协调

原则上通过监理例会及进度计划专题会来对计划的执行进行督促与协调。

1）进度计划督办和协调层次

第一层次为项目监理机构协调施工单位以及相关方，对计划执行情况进行督办、协调。项目监理机构难以解决的问题，才进入第二层次督促。

第二层次为建设单位协调参建单位以及相关方，对计划执行情况进行督办、协调。建设单位职能组难以解决的问题，才进入第三层次督办。

第三层为建设单位组织的进度计划专题会。建设单位项目负责人根据实际进度情况主持召开工程进度计划专题会，对计划执行情况做全面检查，协调解决存在的矛盾和困难，对下一阶段的任务提出要求。工程进度计划专题会会议决定是指令性的，建设单位、项目监理机构、施工单位必须坚决贯彻落实。

2）进度计划督促方式

根据进度有关事项紧急情况和复杂程度，对于非紧急的单一事项或多项事实清楚的关联事项督促，可采取联系单、打电话提醒、网络通信等方式；反之，对于情况紧急或事实复杂的事项督促，可采取会议通报、专题报告、合同履约奖罚等多种方式。

5．施工进度计划的落实

1）施工进度的检查

审核检查施工单位每月提交的工程进度报告，包括年统计、季统计、月统计、旬统计、周统计、日统计。审核检查的要点是：

（1）计划进度与实际进度的差异。

（2）形象进度、实物工程量与工作量指标完成情况的一致性。

（3）按合同要求进行工程计量验收。

（4）有关进度、计量方面的签证。进度、计量方面的签证是支付进度款、计算索赔、延长工期的重要依据。

2）施工进度的动态管理

实际进度与计划发生差异时，分析产生的原因，并提出调整进度的措施和方案，并相应调整施工进度计划及设计、材料设备、资金等进度计划，必要时调整工时目标。

（1）对施工实际进度数据进行收集。

定期、经常、完整地收集由施工单位提供的有关报表、资料，参与施工单位或建设单位定期召开的有关工程进度协调会，听取工程施工进度的汇报和讨论。并深入现场，具体检查进度的实际执行情况，经常性地对施工实际进度的数据进行分析。

（2）在对施工中的进度的数据进行分析时，为达到控制进度的目的，必须将工程实际进度与计划进度做比较，从中发现问题，以便采取必要的措施。

（3）对于施工进度的重大偏差，项目监理机构必须第一时间向建设单位报告，并提交施工总工期或重大里程碑工期延误情况的监理专题报告。属于施工单位原因造成的，总监可以协助建设单位约谈施工单位法定代表人，并督促施工单位加大资源投入，及早完成纠集工作；属于非施工单位的原因造成的，总监协助建设单位会商相关责任单位法定代表人和项目负责人，研究对策，督促及早完成纠集工作。

2.3.3　竣工验收

建筑工程具备独立施工条件，承包单位完成自查自评后，填写"单位工程竣工验收报审表"，还应从施工组织、质量管理、投资控制和合同执行情况等方面编写工程总结报告和进行施工安全评价，为工程竣工验收和移交做好准备。

竣工预验收的检查内容有工程资料的预验收和工程质量的预验收。

1．工程资料的预验收

（1）图纸会审、设计变更、洽谈记录。

（2）工程测量、放线记录。

（3）施工过程记录和施工过程检查记录。

（4）质量管理资料和承包单位操作依据等。

专业监理工程师应在工厂管理资料送城建档案管理部门之前对资料进行认真审核，要求承包商对资料存在问题进行整改。

2．单位工程质量验收的原则

（1）具备独立施工条件并能独立使用功能的建筑物及构筑物作为一个单位工程。

（2）建筑规模较大的单位工程，可将其能形成独立使用功能的部分为一个子单位。

3．单位工程质量预验收程序

（1）预制构件进场验收：预制构件进场必须对各种规格和型号构件的外观、几何尺寸、预留钢筋位置、埋件位置、灌浆孔洞、预留孔洞等编制检查验收表，逐项进行验收合格后方可卸车或吊装。

（2）部品部件、材料进场的质量检查，查核相关检测报告、出厂合格证书，需抽样复试的进行抽样检测。

（3）依据相关国家及地方的规范及技术标准，编制详细的安装操作规程、技术要求、质量标准。

在这种情况下，构件安装偏差的控制方法如下：

安装前应将轴线、柱位线及其控制线、墙位线及其控制线、梁投影线及其控制线、标高控制线进行测量标注；各种构件安装时应将偏差降低到最小范围，越精确越好，可减少积累误差，对安装质量和工效会有很大的提高。调整垂直度要采用经纬仪（框架柱要采用两台同时测定），墙、梁采用垂直靠尺及红外线垂直投点仪，标高测定采用高精度水准仪。

（4）进行专门的安装质量标准培训。

4．工程质量竣工验收程序和组织

单位工程完工后，施工单位应自行组织有关人员进行检查评定，报监理单位复核，提交"单位工程竣工验收报审表"，要求提交《房屋建筑工程质量保修书》《住宅使用说明书》《单位工程质量控制资料核查记录》《单位工程安全和功能检验资料核查及主要功能抽查记录》《单位工程观感质量检查记录》等表格报监理单位审查，总监理工程师审查同意后报请建设单位组织参建单位进行工程竣工验收工作，验收完毕由施工单位向建设单位提交《工程竣工验收报告》。

单位工程完工并当工程预验收通过或具备竣工验收条件后，监理单位应编制《工程质量评估报告》，根据各单位提交的验收组人员名单协助建设单位编制《工程质量竣工验收计划书》《工程监理工作总结》，并将《工程质量竣工验收计划书》报建设单位和工程质量监督机构备案。

建设单位收到工程竣工验收报告后，应由建设单位（项目）负责人组织施工、设计、监理等单位（项目）负责人进行单位（子单位）工程竣工验收。

单位工程实行总承包的，总承包单位应按照承包的权利义务对建设单位负总责，分包单位对总承包单位负责。因此，分包单位对承建的项目进行检验时，总包单位应组织并派人参加，检验合格后，分包单位应将工程的有关资料移交总包单位，建设单位组织单位工程质量竣工验收时，分包单位相关负责人参加验收。建设单位应在验收前7个工作日，把竣工验收的时间、地点，参加验收单位主要人员，及时通知工程质量、安全监督机构。

5．工程建设竣工验收备案表

（1）单位（子单位）工程质量控制资料核查记录 GD401。

（2）单位（子单位）工程安全和功能检验资料核查及主要功能抽查记录 GD402。

（3）单位（子单位）工程观感质量检查记录。

（4）消防验收意见表。

（5）环保验收合格表。

（6）住宅质量保证书。

（7）住宅使用说明书。

（8）工程竣工验收申请表。

（9）工程竣工验收报告。

（10）子分部工程质量验收纪要。

（11）建筑节能工程质量情况。

2.4 集装箱式结构成本控制

2.4.1 成本构成及对比分析

1．工程造价

工程造价，一般是指一项工程预计开支的全部固定资产投资费用，在这个意义上工程造价与工程投资的概念是一致的。在工程建设的不同阶段，工程造价具有不同的表现形式，如：投资估算、设计概算、修正概算、施工图预算、工程结算、竣工决算等。

工程监理的造价控制主要是在施工阶段对施工承包合同价，即工程建筑安装费用进行控制。国家为规范工程造价计价行为，制定了《建设工程工程量清单计价规范》(GB50500)(以下简称《清单计价规范》)。使用国有资金投资或国有资金为主的工程建设项目必须采用工程量清单计价。

2．工程造价的计算

采用工程量清单计价，建设工程造价由分部分项工程费、措施项目费、其他项目费、规费和税金组成。

在工程量清单计价中，如按分部分项工程单价组成来分，工程量清单计价主要有三种形式：(1) 工料单价法；(2) 综合单价法；(3) 全费用综合单价法。

《清单计价规范》规定，分部分项工程量清单应采用综合单价计价。利用综合单价法计价清单项目，再汇总得到工程总造价。

3．工程造价控制的主要内容

(1) 对验收合格的工程及时进行计量和定期签发工程款支付证书。

(2) 对实际完成量与计划完成量进行比较分析，发现偏差的，督促施工单位采取有效措施进行纠偏，并向建设单位报告。

(3) 按规定处理工程变更申请。

(4) 及时收集、整理有关工程费用和工期的原始资料，为处理索赔事件提供证据。

(5) 按规定程序处理施工单位费用索赔申请。

(6) 按规定程序处理工期延期及其他方面的申请。

(7) 按合同约定规定及时对施工单位报送的竣工结算工程量或竣工结算进行审核。

(8) 协助建设单位处理投标清单外和新增项目的价格确定等事宜。

4．监理单位造价控制职责

(1) 须按施工合同规定，在规定的时限内审核签认施工单位报送的计量支付资料。

(2) 审核计量支付资料的真实性、完整性、准确性。若施工单位提供的资料不真实、不完整、不准确和不详细，应及时要求施工单位进行更正、补充和完善，对达不到计量支付要求的项目不得计量，及时要求施工单位对计量支付资料补充完善。

(3) 审核当期完成的工程范围和工程内容及工程量，监督施工单位严格执行施工合同的相关规定，防止出现超计、超付，出具工程款支付证书。

（4）建立计量支付、设计变更、工程签证、清单外新增项目单价、清单内主材变更单价换算、已供材料设备清单及定价等台账，确保台账的各项资料的及时、完整和准确，以及互相一致。

（5）收集、整理工程造价管理资料，并归档。

5．工程造价控制程序

工程造价控制工作程序如图 2-2 所示。

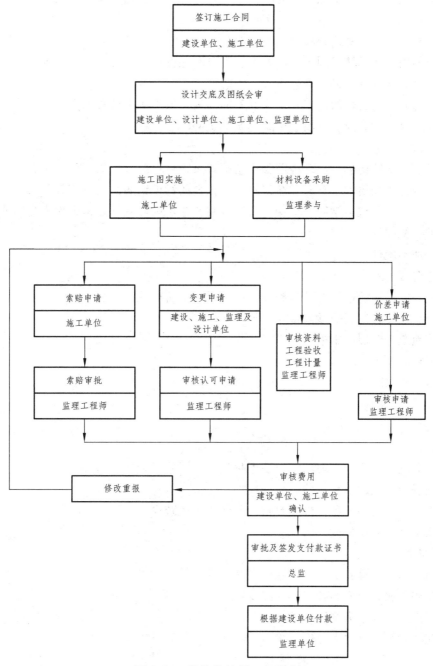

图 2-2 工程造价控制工作程序

6．集装箱工程施工与现浇混凝土建筑施工成本的不同

集装箱工程施工与现浇混凝土建筑的施工成本，从构成上大致相同，都是包含了人工费、材料费、机械费、组织措施费、规费、企业管理费、利润、税金等。但由于建造方式、施工工艺的不同，在各个环节上的成本也不尽相同，具体分析如下：

1）人工费

装配式混凝土结构建筑比现浇混凝土结构建筑，施工现场会减少人工。

（1）工程现场吊装、灌浆作业人工增加。

（2）模板、钢筋、浇筑、脚手架人工减少。

（3）现场用工大量转移到工厂。如果工厂自动化程度高，总的人工减少，且幅度较大；如果工厂自动化程度低，人工相差不大。

随着中国人口老龄化的出现、人口红利的消失，人工成本越来越高，当有一天人工成本高于材料成本时，就更能彰显出装配式建筑的优势。

2）材料费

装配式混凝土结构建筑比现浇混凝土结构建筑，材料费有增加部分，也有减少的部分。

（1）结构连接处增加了套管和灌浆料或浆锚孔的约束钢筋、波纹管等。

（2）钢筋增加，包括钢筋的搭接、套筒或浆锚连接区域箍筋加密；深入支座的锚固钢筋增加或增加了锚固板。

（3）增加预埋件。

（4）叠合楼盖厚度增加 20 mm。

（5）夹心保温墙板增加外叶板和连接件（提高了防火性能）。

（6）钢结构建筑使用的预制楼梯增加连接套管。

（7）落地灰以及混凝土损耗减少了。

（8）模板减少了。

（9）养护用水减少了。

（10）建筑垃圾减少了。

（11）减少了竖向支撑。

3）机械费

装配式混凝土结构建筑现场需要装配化施工，因此机械费会增加。

（1）现场起重机起重量较传统现浇增加。

（2）集成化程度高的项目现场起重设备使用频率减少了。

（3）灌浆需要专用机械。

4）组织措施费

集装箱式结构工程施工组织措施费是减少的。

（1）现场工棚、仓库等临时设施减少。

（2）冬季施工成本大幅度减少。

（3）现场垃圾及清运大幅度减少。

5）管理费、规费、利润、税金

管理费和利润由企业自己调整计取，规费和税金是非竞争性取费，费率由政府主管部门

确定，总的来看变化不大，可排除对造价的影响。

通过分析不难看出，集装箱式结构工程施工成本中人工费、措施费是减少的，材料费和机械费是增加的，管理费、规费、利润、税金等对其成本影响不大。

2.4.2 施工过程中成本控制措施

1．工程预付款及其支付

工程预付款又称材料备料款或材料预付款。工程示范实行预付款，取决于工程性质、承包工程量的大小以及建设单位在招标文件、合同文件中的规定。

工程实行工程预付款的，合同双方应根据合同通用条款及价款结算办法的有关规定，在合同专用条款中约定并履行。一般建筑工程为工作总造价（包括水、电、暖）的30%；安装工程为工作总造价的10%。

当合同没有约定时，按照财政部、建设部印发的《建设工程价款结算暂行办法》的规定办理：

（1）工程预付款的额度：包工包料工程的预付款按合同约定拨付，原则上预付比例不低于合同总造价的10%，不高于合同总造价的30%。对重大工程项目，按年度工程计划逐年预付。实行工程量清单计价的工程，实体性消耗和非实体性消耗部分应在合同中分别约定预付款比例（或金额）。

（2）工程预付款的支付时间：在具备施工条件的前提下，建设单位应在双方签订合同后的1个月内或不迟于约定的开工日期前的7天内预付工程款。建设单位不按约定预付，施工单位应在预付时间到期后10天内向建设单位发出要求预付的通知。建设单位收到通知后仍不按要求预付，施工单位可在发出通知14天后停止施工。建设单位应从约定应付之日起向施工单位支付应付款的利息（利率按同期银行贷款利率计），并承担违约责任。

（3）凡是没有签订合同或不具备施工条件的工程，建设单位不得预付工程款，不得以预付款为名转移资金。

2．安全文明施工费及其支付

安全文明施工费的内容和范围，应以国家和工程所在地省级建设行政主管部门的规定为准。当合同没有约定时，按照《清单计价规范》规定支付。

（1）建设单位应在工程开工后的28天内预付不低于当年的安全文明施工费总额的50%，其余部分与进度款同期支付。

（2）建设单位没有按时支付安全文明施工费的，施工单位可催告建设单位支付；建设单位在付款期满后的7天内仍未支付的，若发生安全事故的，建设单位应承担连带责任。

（3）施工单位应对安全文明施工费专款专用，在财务账目中单独列项备查，不得挪作他用，否则建设单位有权要求其限期改正；逾期未改正的，造成的损失和（或）延误的工期由施工单位承担。

3．总承包管理费及其支付

总承包管理费是总承包人为配合协调发包人进行的专业工程分包，发包人自行采购的设备、材料等进行保管以及施工现场管理、竣工资料汇总整理等管理所需的费用。按照《清单计价规范》规定：

（1）建设单位应在工程开工后的 28 天内向总承包单位预付总承包管理费的 20%，分包进场后，其余部分与进度款同期支付。

（2）建设单位未按合同约定向总承包单位支付总承包管理费，总承包施工单位可不履行总包管理义务，由此造成的损失（如有）由建设单位承担。

4．工程预付款的抵扣

工程预付款属于预付性质。施工的后期所需材料储备逐步减少，需要以抵充工程价款的方式陆续扣还。预付的工程款在施工合同中应约定扣回方式、时间和比例。常用的扣回方式有以下几种：

（1）在施工单位完成金额累计达到合同总额双方约定一定比例后，采用等比例或等额的方式分期扣回。

（2）从未完施工工程尚需的主要材料及构件的价值相当于工程预付款数额时起扣，从每次中间结算工程价款中，按材料及构件的比重抵扣工程预付款，至竣工之前全部扣清。起扣点得计算公式为

$$T = P - M/N$$

式中　T——起扣点，即工程预付款开始扣回时的累计完成工作量金额；

　　　P——承包工程价款总额；

　　　M——工程预付款数额；

　　　N——主要材料所占比重。

5．工程计量的原则

（1）可以计量的工程量必须是经验收确认合格的工程；隐蔽工程在覆盖前计量应得到确认。

（2）可以计量的工程量应为合同义务过程中实际完成的工程量。

（3）合同清单外合格的工程量纳入计量前必须办理有关审批手续。

（4）如发现工程量清单中漏项、工程量计算偏差以及工程变更引起工程量的增减变化应据实调整，正确计量。

6．现场签证、工程变更的计量

（1）现场签证计量是造价控制工作的关键，非承包商自身原因引起的工程量变化以及费用增减，监理工程师应及时办理现场工程量签证。如果工程质量未达到规定要求或由于自身原因造成返工的工程量，监理工程师不予计量。监理工程师必须杜绝不必要的签证，避免重复支付。

（2）工程变更是指因设计图纸的错、漏、碰、缺，或因对某些部位设计调整及修改，或因施工现场无法实现设计图纸意图而不得不按现场条件组织施工实施等的事件。工程变更包括设计变更、进度计划变更、施工条件变更、工程量变更以及原招标文件和工程量清单中未包括的其他工程。

7．项目监理机构对工程量审查的重点内容

（1）核查工程量清单中开列的工程量与设计图纸提供的工程量是否一致。

（2）若发现工程量清单中有缺陷、漏项和工程量偏差，提醒施工单位履行合同义务，按设计图纸中的工程量调整。

（3）审查土方工程量。

（4）审查打桩工程量。

（5）审查砖石工程量。

（6）审查混凝土及钢筋混凝土工程量。

（7）审查金属结构工程量。

（8）审查屋面及防水工程量。

（9）审查门窗工程量。

（10）审查水暖工程量。

（11）审查电气照明工程量。

（12）审查设备及其安装工程量。

施工单位应按合同约定，向建设单位或项目监理机构递交已完工程量报告。建设单位或项目监理机构应在合同约定的审核时限按设计图纸核实已完工程量。已完工程量报告应附上历次计量报表、计算过程明细表、钢筋抽料表、隐蔽工程质量确认等支持性材料。

建立统计表的目的是便于及时对实际完成量与计划完成量进行比较、分析，判定造价是否超差，如果超差则需进行原因分析，制定调整措施，并通过监理月报向建设单位报告。监理人员应在工程开始后，按不同的施工合同根据月支付工程款分别建立台账，做好完成工程量和工作量的统计分析工作。

8．工程进度款支付程序

工程进度款支付通常是根据施工实际进度完成的合格工程量，按施工合同约定由施工单位申报，经总监批准后由建设单位支付。其程序是：

（1）施工单位依据施工合同工程计量与支付的约定条款，及时向项目监理机构申报计量与支付申请。

（2）专业监理工程师对施工单位在工程款支付报审表中提交的工程量和支付金额进行复核，确定实际完成的工程量，提出到期应支付给施工单位的金额，并提出相应的支持性材料。

（3）总监对专业监理工程师的审查意见进行审核，签认后报建设单位审批。

（4）总监根据建设单位的审批意见，向施工单位签发工程款支付证书。

9．工程进度款支付要求

（1）工程款支付报审表应按相应年份的监理表要求填写。

（2）申请工程计量与支付进度款的支持性材料，要列明支持材料明细清单。

（3）项目监理机构应建立月完成工程量统计表，对实际完成量与计划完成量进行比较分析，发现偏差的，提出调整建议，并在监理月报中向建设单位报告。

（4）工程款支付证书一式三份，监理单位审核签章后，转交施工单位送建设单位进行审核支付，审核完成的进度款报表交施工单位、监理单位、建设单位，存留份数按合同约定。

（5）进度款支付申请包括（但不限于）内容：

① 本周期已完成的工程价款。

② 累计已完成的工程价款。

③ 累计已支付的工程价款。

④ 本周期已完成计日工金额。

⑤ 应增加和扣减的变更金额。

⑥ 应增加和扣减的索赔金额。

⑦ 应抵扣的质量保证金。

⑧ 根据合同应增加和扣减的其他金额。

⑨ 本付款周期实际应支付的工程价款。

10．质量保证金（尾款）的预留

工程项目总造价中预留出一定比例的质量保证金（尾款）作为质量保修费用，待工程项目保修期结束后最后拨付。有关质量保证金（尾款）扣留应按《建设工程施工合同（示范文本）》（GF-2017-0201）第15.3.2条，有以下3种方式：

（1）在支付工程进度款时逐次扣留，在此情形下，质量保证金（尾款）的计算基数不包括预付款的支付、扣回以及价格调整的金额。

（2）工程竣工结算时一次性扣留质量保证金（尾款）。

（3）双方约定的其他扣留方式。

除专用合同条款另有约定外，质量保证金（尾款）的扣留原则上采用上述第（1）种方式。

建设单位累计扣留的质量保证金不得超过结算合同价格的5%，如施工单位在建设单位签发竣工付款证书后28天内提交质量保证金保函，建设单位应同时退还扣留的作为质量保证金的工程价款。FIDIC施工条件下建筑安装工程的支付要完成以下几点：

1）工程量清单内的支付

（1）清单内有具体工程内容、数量、单价的项目，即一般项目。

（2）工程数量或工程内容或工程单价不具体的项目：暂定金、暂定数量、计日工等。

（3）间接用于工程的项目：履约保证金、工程保险金等。

2）工程量清单以外的支付

（1）动员预付款支付与扣回。

（2）材料设备预付款支付与扣回。

（3）价格调整支付。

（4）工程变更费用支付。

（5）索赔金额支付。

（6）违约金支付。

（7）迟付款利息支付。

（8）扣留保留金。

（9）合同中止支付。

(10)地方政府支付。

3）工程尾款的最终支付程序

（1）工程缺陷责任终止后，施工单位提出最终支付申请。

（2）工程师对最终支付申请进行审查的主要内容：

① 申请最终支付的总说明。

② 申请最终支付的计算方法。

③ 最终应支付施工单位款项总额。

④ 最终的结算单包括各项支付款项的汇总表和详细表。

⑤ 最终凭证，包括计算图表、竣工图等施工技术资料，与支付有关的审批文件、票据、中间计量、中期支付证书等。

⑥ 确认最终支付的项目与数量，签发最终支付证明。

2.5 集装箱式结构安全控制

集装箱是集装箱建筑的基本建筑模块，正因为如此人们称之为集装箱建筑。名词集装箱是由动词"包合"派生出来的，很准确地表达出了集装箱最主要的功能：容纳（和运输）物资。集装箱由钢框架、薄板外壳、屋顶构成基本模块，地面通常为钢基座上覆盖木地板。长方体的外形创造了现成的空间，通过一些简单的修饰，它们也可以变成非常有趣的建筑材料。一般的集装箱强度能达到任何建筑规范要求强度的两倍，这使得它不需要经过任何改造就可以作为一个建筑模块。与此同时，集装箱能抵抗飓风、洪水和地震（因为质量小），也具备防火性能（通过表面特殊的薄涂层），防风雨，并能很好地应对其他麻烦（如鼠患问题）。尽管由相同的基础单元构成，集装箱建筑却并不单调乏味。集装箱是建筑模块，像砖一样，可用于建造各种不同用途、不同造型的建筑。

2.5.1 安全与风险防范

《建设工程安全生产管理条例》把监理的安全责任明确了，却并没有给监理相应的权力。监理只是一个提供技术服务的社会中介组织，没有相应的处罚权——行政权力，却要承担起如此沉重的安全监理的社会责任。突出的问题是：发生事故后，对监理安全责任判定的自由裁量有扩大化的趋向。

目前监理单位的安全责任基本可以同施工单位比肩，有些对监理单位的处罚甚至超过施工方。这也是建筑行业的一大怪现象，监理现在处于明显的权责不对等状态，监理的安全责任风险越来越重，整个监理行业演变为"高风险"行业已经是一个不争的事实。

监理工作如何规避防范安全责任风险，应该做到以下几点：

（1）监理企业应加强与监理协会的沟通。

工程监理协会是一个跨地区、跨部门的社团组织，是政府的助手和企业的参谋，是联系政府和企业的桥梁和纽带，是全体监理企业的娘家人。监理企业要保持与监理协会的沟通和联系，为工程监理协会出谋划策。首先，监理协会牵头组织各级监理企业订立行业自律公约时，监理企业应积极提供合理化建议，改变目前监理同行业间互相残压、恶性竞争的状况；其次，监理企业要协助监理协会，建议政府部门制定出有利于监理行业发展的好的政策和方针，为监理现在面临的严峻安全责任风险解压、减压；再次，必要时邀请监理协会对本监理企业调研，对监理工作规范分类指导，促使监理工作走上良性发展之路。

（2）监理企业应制定和完善各项制度，规避各种安全责任风险。

① 监理单位应制定各级安全监理责任制和监理人员安全生产教育培训制度，明确各级监理人员职责，全员参与、齐抓共管、层层落实，搞好安全监理工作。

② 监理单位应根据实际需要，编制企业内部的《安全监理方案指导版》《安全监理作业指导书》《安全监理资料管理办法》等实用的安全监理方面技术支持文件，指导安全监理工作。

③ 监理单位应设置公司级的安全管理机构，综合配备专职安全工作管理人员，实现资源共享。针对工地的一些重点危险源，如对临时用电、大型起重机械设备的安装和拆卸等重点危险源，实施重点监控、检查，以减轻项目监理部一线人员的压力。

（3）项目监理部应完善执行安全生产管理制度。

项目监理部应按照企业《安全监理责任制》及公司制定的各项规章实施办法，审查全面，巡视检查，定期召开监理例会，建立业主，施工单位、监理方每周一次联检制度。同时要接受各级建设行政主管部门的指导和监督检查，大力配合，共同督促施工单位加强安全生产管理，搞好安全管理工作，并要做好日常安全监理资料的整理，分类及组卷归档工作。

（4）监理从业人员应加强职业道德教育，提高个人修养和素质，从以下 8 个方面展开工作：

① 该"做"的一定要做：

监理接收工作第一步，应熟悉合同，明确任务，人员定职定责，组织实施开展工作，要熟悉设计图纸，向业主提出书面建议，编制项目具有针对性的监理规划和监理实施细则（都必须有安全方面的内容），组织全体监理人员进行监理规划和实施细则的交底会。总监一定要转变观念，重抓管理，督促做好监理人员的各项工作。

② 该"审"的一定要审，要审查全面：

监理工作中要求业主、施工方提供相应资料。现在业主的行为很不规范，施工方素质低下，资料收集不上来一定要书面发文催促，并在监理会议上提及，做好监理例会纪要。按照建设部《关于加强工程监理人员从业管理的若干意见》的要求，在准备阶段做好 5 个方面的审查、审核工作：加强工程监理人员从业管理的重要性和必要性；加强工程监理人员从业管理；强化企业对监理人员的管理，提高工程项目监理水平；加快行业自律机制建设，规范监理从业人员培训；加强对工程监理人员的监督管理。分清哪些该做技术性审查，哪些该做程序性审查，审查重点是是否符合强制性条文规定，审查者自身要具备一定的安全专业知识，要有一定的现场安全隐患辨别能力。

③ 该"查"的一定要查，检查督促到位：

要根据建设部《关于加强工程监理人员从业管理的若干意见》做好各个方面的检查督促工作，重点核查现场开工条件，各项安全措施是否齐备。符合开工要求才能签发"开工报告"。

开工后的周边环境一定要观察好。地处山区的工程，到处是边坡、沟坎，砌筑挡墙较普遍，业主为省钱，挡墙好多断面不足，挡墙回填土质量不过关，要高度重视。要观察拟建建筑物周边是否毗邻建筑物、构筑物、地下管线，施工方的保护措施是否有效和有针对性。

对工程出事频率高的以下方面，一定重点督查：

基坑坍塌，放坡不够，基坑支护不过关，施工过程易坍塌。

起重设备的安拆，主要是拆除极易突发事故。

高层的电梯井坠落、坠物，高层作业坠落、坠物。

卸料平台不合格或超载。

脚手架、模板支撑系统材料不合格或现场施工作业人员违章作业，不按审定的施工方案施工。

现场临时用电安全。

装修过程极易发生消防事故。

④ 该"改"的一定要改：

对监理检查过程中发现的问题：小问题、抽烟、不戴安全帽，口头指出，记录在监理日记中；对"四口、五临边"等存在的安全隐患，一定要下发书面通知，现场发现的问题要及时和总监沟通，及时处理；很难办或解决不了的问题，要及时上报监理单位，请单位协助解决。每月监理会议一定要提及所发现存在的安全问题、各种隐患，并形成决定限时整改，必要时一定要召开安全专题会议。

⑤ 该"停"的一定要停：

在具体的监理实际工作中，要根据《建设工程监理规范》（GB50319—2013）第6.1.2条所列的5种情况正确行使停工指令，并按规定及时向甲方书面报告。

⑥ 该"报"的一定要报：

对施工单位拒不整改的严重安全隐患，一定要及时向建设行政主管部门进行报告，使用电话报告的，要有记录。事后要及时补充书面报告。同时一定要向本监理单位做出汇报。

⑦ 该"学"的一定要学：

监理一定要加强法律法规文件，强制性标准的学习，要学法、懂法、用法。《建筑法》《合同法》《招投标法》《安全生产法》《建设工程质量管理条例》《建设工程安全生产管理条例》《建设工程勘察设计管理条例》《实施工程建设强制性标准监督规定》《房屋建筑和市政基础设施工程施工图设计文件审查管理办法》《注册监理工程师管理规定》等以及有关施工安全方面的规范、规程、办法一定要全面学习，合理应用。

⑧ 该"理"的一定要理：

工程资料的整理要专人负责，规范收集、整理归档。尤其是收发文制度，一定要建立，不能怕麻烦。对业主的发文，施工方的发文，签字手续一定要完备，谁收谁签字，坚决不能代签。俗话说：凭在纸上，凭不在嘴上。一旦发生安全生产事故，监理保存的书面资料是自身最有说服力的举证维权凭据。

2.5.2 施工过程中安全控制措施

1．施工现场的不安全因素

1）人的不安全因素和行为

（1）人的不安全因素：人的心理、生理、能力中所具有的不能适应工作、作业岗位要求的影响安全因素。常见有如下情况；A.心理——懒散、粗心、冒险。B.生理——视觉、听觉、体能、疾病。C.能力——知识技能、资格、应变能力不能适应工作或工作要求。

（2）人的不安全行为：根据《企业职工伤亡事故分类标准》分为：A.操作失误、忽视警告；B.使用不安全设备；C.冒险进入危险场所；D.攀坐安全位置；E.在吊物下作业、停留；F.有分散注意力的行为；G.没有正确使用防护用品、用具；H.物体存放不当；L.安全的装束；J.对易燃、易爆等危险品处理错误。

2）物的不安全状态

这是指能导致事故发生的物质条件，包括机械设备等物质或环境所存在的不安全因素。物的不安全状态类型有：① 防护等装置缺乏或有缺陷；② 设备、设施、工具、附件有缺陷；③ 个人的防护用具缺少或有缺陷；④ 施工现场环境不良。

3）管理上的不安全因素

就是管理缺陷，它作为间接原因主要有：① 技术上的缺陷；② 教育上的缺陷；③ 管理工作的缺陷；④ 社会的、历史的原因造成的缺陷。

人的不安全行为与物的不安全状态在同一时间、同一空间相遇就会导致事故的出现。因此，施工安全控制就得从人的不安全因素抓起、约束人的不安全行为，加强技能培训、严查持证上岗；同时消除物的不安全状态：

（1）检查落实施工单位的安全生产责任制度。分解到各级、各类人员的责任制及横向各部门责任制。

（2）建立安全生产教育制度。

（3）执行特种作业管理制度——特种作业人员的分类，持证上岗。

（4）消除物的不安全状态：

① 建立安全防护制度——土方开挖、基坑支护、脚手架工程、临边洞口作业、高处作业及料具存放等的安全防护要求。

② 机械安全管理制度——塔吊及主要施工机械的安全防护技术及管理要求。

③ 临时用电管理制度。

（5）一定要同时约束人的不安全行为，消除物的不安全状态：通过安全技术管理，包括安全技术措施和施工方案的编制、审批、交底，各类安全防护用品，施工机械、设施、临时用电等的检查验收予以实现。

（6）采取隔离措施：使人的不安全行为与物的不安全状态不相遇，就必须建立各种劳动防护管理制度。

2．施工安全隐患处理的程序及要求

（1）项目监理机构对工地施工安全监管应做到："问题要看到，看到要说到，说到要写到，写到要跟到。"

（2）项目监理机构在定期巡视检查、不定期专项安全检查、阶段性安全检查评分、安全旁站监督、安全防护工程验收、大型施工设备安装工程验收等安全检查活动中，除了要做好相关记录外，对检查发现的安全隐患还要及时报告总监签发安全隐患整改指令。

（3）对工地存在的安全隐患，总监应根据情况及时签发安全隐患整改通知，并有效送达施工单位执行。

（4）对首次签发的安全隐患整改指令复查后，如果发现施工单位整改不到位或整改不力，总监应再次发出限期整改通知，并依据承包合同相关条款附带经济处罚等更严厉的监理措施。

（5）对再次签发的安全隐患整改指令复查后，如果施工单位仍然没有真正落实整改，总监可根据情况签发撤换安全管理人员的整改指令或签发暂时停止施工通知。

（6）对施工单位违反建设程序、无方案施工、不按批准的专项施工方案组织施工、危险性较大的分部分项工程未经监理验收擅自进入下道工序施工、对监理整改指令拒不整改、违规违章作业、瞎指挥等重大安全隐患，监理人员要及时给予制止，并及时报告总监签发暂时停止施工通知，并有效送达施工单位执行，且必须同时抄送建设单位。

（7）总监对施工安全隐患采取签发限期整改指令或停工整改指令，或依据承包合同及施工安全协议书对施工单位进行经济处罚，或对不能有效履行安全管理职责的施工管理人员建议更换等监理措施后，施工单位对总监签发的安全隐患整改通知或暂时停止施工通知拒不整改，工地存在重大安全隐患无法落实整改时，总监须及时起草《安全生产管理的监理重大情况报告》，报监理公司，由公司法定代表人签发并盖公章后，上报安全监督站进行处理。

（8）专业监理工程和监理员要检查监督施工单位按照总监签发的安全隐患整改通知或暂时停止施工通知要求进行整改，并督促施工单位申报安全隐患整改回复或复工申请，专业监理工程师和监理员应如期对安全隐患整改回复或复工申请进行复查，并签署复查意见后报总监签署处理意见及结论后返还施工单位执行。

（9）项目监理机构对安全监督站签发的安全整改指令要督促施工单位落实整改，并如期如实回复。

3．处理重大安全事故

（1）当发生重大安全事故时，项目监理机构必须在24小时内向监理企业和建设单位书面报告，特大事故不能超过2小时。报告包括以下内容：

① 事故发生的时间、地点、工程项目、企业名称。

② 事故发生的简要过程、伤亡人数和直接经济损失的初步估计。

③ 事故发生原因的初步判断。

④ 事故发生后采取的措施及事故控制情况。

⑤ 事故报告的项目监理部名称及报告人。

（2）项目监理机构应要求事故发生单位严格保护事故现场，采取有效措施抢救人员和财产、防止事故扩大。有条件时，应予摄影或录像。

（3）项目监理机构应配合事故的调查，以监理的角度，向调查组提供各种真实情况，并做好维权、举证工作。

4．完善安全管理资料

项目监理机构应做好安全监理记录，完善自身安全管理资料，包括：施工单位安全保证体系资料、监理规划（安全部分）、监理安全管理细则、监理安全检查表、安全类书面指令台账、施工单位安全检查周报等，记录及资料应当真实、清楚。

5．做好立卷归档工作

工程竣工后，监理单位应将有关安全生产的技术文件、验收记录、监理规划、监理实施细则、监理月报、监理会议纪要及相关书面通知等按规定做好立卷归档工作。

2.6 案例分析

【案例一】

某建筑工程的合同承包价为 489 万元，工期为 8 个月，工程预付款占合同承包价的 20%，主要材料及预制构件价值占工程总价的 65%，保留金占工程总费的 5%。该工程每月实际完成的产值及合同价款调整增加额如表 2-2。

表 2-2 某工程实际完成产值及合同价款调整增加额

月　份	1	2	3	4	5	6	7	8	合同价调整增加额/万元
完成产值/万元	25	36	89	110	85	76	40	28	67

问题：

（1）该工程应支付多少工程预付款？

（2）该工程预付款起扣点为多少？

（3）该工程每月应结算的工程进度款及累计拨款分别为多少？

（4）该工程应付竣工结算价款为多少？

（5）该工程保留金为多少？

（6）该工程 8 月份实付竣工结算价款为多少？

【答案】（参考）

（1）工程预付款 = 489 万元 × 20% = 97.8 万元

（2）工程预付款起扣点 = $\left(489 - \dfrac{97.8}{65\%}\right)$ 万元 = 338.54 万元

（3）每月应结算的工程进度款及累计拨款如下：

1 月份应结算工程进度款 25 万，累计拨款 25 万。

2 月份应结算工程进度款 36 万，累计拨款 61 万。

3 月份应结算工程进度款 89 万，累计拨款 150 万。

4 月份应结算工程进度款 110 万，累计拨款 260 万。

5月份应结算工程进度款 85 万，累计拨款 345 万。

因 5 月份累计拨款已超过 338.54 万元的起扣点，所以，应从 5 月份的 85 万进度款中扣除一定数额的预付款。

超过部分 = (345 - 338.54)万元 = 6.46 万元

5 月份结算进度款 = (85 - 6.46)万元 + 6.46 万元 × (1 - 65%) = 80.80 万元

5 月份累计拨款 = (260 + 80.80)万元 = 340.80 万元

6 月份应结算工程进度款 = 76 万元 × (1 - 65%) = 26.6 万元

6 月份累计拨款 367.40 万元

7 月份应结算工程进度款 = 40 万元 × (1 - 65%) = 14 万元

7 月份累计拨款 381.40 万元

8 月份应结算工程进度款 = 28 万元 × (1 - 65%) = 9.80 万元

8 月份累计拨款 391.2 万元，加上预付款 97.8 万元，共拨付工程款 489 万元

（4）竣工结算价款 = 合同总价+合同价调整增加额 = (489 + 67)万元 = 556 万元

（5）保留金 = 556 万元 × 5% = 27.80 万元

（6）8 月份实付竣工结算价款 = (9.80 + 67 - 27.80)万元 = 49 万元

【案例二】

某综合楼工程采用工程量清单进行招标。《招标文件》规定：回填土取土地点由投标单位在距工地 20 km 范围内自定。但由于该施工单位在投标文件中原定的地点 A 处（距工地 10 km）的回填土质量不满足填土密实度要求，施工单位另外采购了 B 处（距工地 16 km）符合填土要求的土方。填土工程延误，造成了关键线路上地下室底板浇筑工期延后 10 天。在进行地下室大体积混凝土浇筑时，泵送混凝土设备的管道爆裂，处理该事故又延误工期 3 天。进入主体结构施工时，由于建设单位的原因推迟 15 天提交主体结构图纸。工程进展至屋面时遇到 10 级台风袭击，造成停电 5 天无法施工。

问题：

（1）施工单位提出工期索赔 33 天是否成立？请计算应该补偿施工单位的索赔工期有几天？并说明理由。

（2）由于回填土的供应距离增加，施工单位向项目监理机构呈报了费用索赔申请，将原投标单价的土方单价增加了 10%以弥补路途增大的成本。该费用索赔是否成立？试说明理由？

（3）施工单位提出 33 天窝工损失索赔，是否合理？试说明理由。

【答案】（参考）

（1）工期索赔 33 天不成立。工期索赔的理由必须是非施工单位自身原因。解释如下：

① 填土质量原因造成的 10 天延误不予赔偿。因为施工单位包工包料以综合单价报价，原材料供应情况是一个有经验的施工单位应该自主合理选择的。

② 泵送混凝土设备出现意外,延误 3 天不予赔偿。因为这属于施工单位应该承担的风险。施工单位必须提供保证正常使用的设备投入施工。

③ 建设单位迟交图纸延误的工期 15 天给予赔偿。因为这是建设单位的责任造成的损失。

④ 10 级台风造成的工期延误 5 天给予赔偿。因为这是施工单位无法预见的自然灾害。

根据以上分析，索赔工期天数为 20 天（15 天 + 5 天）。

（2）该项费用索赔不成立。施工单位应该对招标文件进行充分理解，对自己的报价完备性负责。解释如下：

① 填土质量是一个有经验的施工单位能够合理预见的。填土质量应符合图纸规范要求。

② 合同文件采用工程量清单综合单价报价，不能因此而改变已报的单价。

③ 填土取土地点变化，运距成本加大使其综合单价提高属于施工单位自身应承担的责任。

（3）窝工造成的损失给施工单位带来的是人工和机械费的损失。

① 由于建设单位的原因推迟 15 天提交主体结构图纸造成的窝工可考虑，包括人工费和机械费降效增加费，具体费用按《施工合同》执行。

② 台风引起的窝工属于自然灾害造成的损失。施工单位和建设单位等各自承担自身的窝工损失。

【案例三】

某工程下部为钢筋混凝土基础，上面安装设备。建设单位分别与土建、安装单位签订了基础、设备安装工程施工合同。两个承包商都编制了相互协调的进度计划。进度计划已得到批准。基础施工完毕，设备安装单位按计划将材料及设备运进现场，准备施工。经检测发现有近 1/8 的设备预埋螺栓位置偏移过大，无法安装设备，须返工处理。安装工作因基础返工而受到影响，安装单位提出索赔要求。

问题：

（1）安装单位的损失应由谁负责？为什么？

（2）安装单位提出索赔要求，项目监理机构应如何处理？

（3）项目监理机构如何处理本工程的质量问题？

【答案】（参考）

（1）本题中安装单位的损失应由建设单位负责。

理由：安装单位与建设单位之间具有合同关系，建设单位没有能够按照合同约定提供安装单位施工工作条件，使得安装工作不能够按照计划进行，建设单位应承担由此引起的损失。而安装单位与土建施工单位之间没有合同关系，虽然安装工作受阻是由于土建施工单位施工质量问题引起的，但不能直接向土建施工单位索赔。建设单位可以根据合同规定，再向土建施工单位提出赔偿要求。

（2）对于安装单位提出的索赔要求，项目监理机构应该按照如下程序处理：

① 审核安装单位的索赔申请。

② 进行调查、取证。

③ 判定索赔成立的原则，审查索赔成立条件，确定索赔是否成立。

④ 分清责任，认可合理的索赔额。

⑤ 与施工单位协商补偿额。

⑥ 提出自己的"索赔处理决定"。

⑦ 签发索赔报告，并将处理意见抄送建设单位批准。

⑧ 若批准额度超过项目监理机构权限，应报请建设单位批准。

⑨ 若建设单位提出对土建施工单位的索赔，项目监理机构应提供土建施工单位违约证明。

（3）对于地脚螺栓偏移的质量问题，项目监理机构应首先判断其严重程度。此质量问题为可以通过返修或返工弥补的质量问题，应向土建施工单位发出"监理通知单"责成施工单位写出质量问题调查报告，提出处理方案。填写"监理通知回复单"报项目监理机构审核后批复承包单位处理。施工单位处理过程中项目监理机构监督检查施工处理情况，处理完成后，应进行检查验收。合格后，组织办理移交，交由安装单位进行安装作业。

3 PC 结构工程监理

3.1 PC 结构概述

这里讲的 PC 是英语 Precast Concrete 的缩写，是预制混凝土的意思。

国际装配式建筑领域把装配式混凝土建筑简称为 PC 建筑。把预制混凝土构件简称为 PC 构件，把制作混凝土构件的工厂简称为 PC 工厂。为了表述方便，本书也使用这些简称。

从结构上看，PC 构件一般可分为受力构件、非受力构件和外围护构件三大类，但这三大类的区分过于笼统，对 PC 工厂的实际生产制作的指导意义不大。笔者根据多年的实践经验，结合 PC 工厂的生产工艺，将常用 PC 构件分为八大类：楼板、剪力墙板、外挂墙板、框架墙板、梁、柱、复合构件和其他构件。这八大类中每一个大类又分为若干小类，合计 55 种，详见表 3-1。

应当说明，随着装配式建筑的发展，PC 构件的种类势必会越来越多，绝不仅限于表 3-1 中所列。同时，具体到某一个 PC 工厂，根据他们自己的生产技术水平以及业务范围，可以仅生产其中某一种或某几种构件，也可以生产这八大类 55 种全部构件。

表 3-1 常用 PC 构件分类表

类别	编号	名 称	混凝土装配整体式				混凝土全装配式					钢结构	说 明
			框架结构	剪力墙结构	框剪结构	筒体结构	框架结构	薄壳结构	悬索结构	单层厂房结构	无梁板结构		
楼板	LB1	实心板	○	○	○	○	○					○	
	LB2	空心板	○	○	○	○						○	
	LB3	叠合板	○	○	○	○						○	半预制半现浇
	LB4	预应力空心板	○	○	○	○						○	
	LB5	预应力叠合肋板	○	○	○	○						○	半预制半现浇
	LB6	预应力双T板		○					○	○			
	LB7	预应力倒槽形板							○		○		
	LB8	空间薄壁板						○					

类别	编号	名称	应用范围									钢结构	说明
			混凝土装配整体式				混凝土全装配式						
			框架结构	剪力墙结构	框剪结构	筒体结构	框架结构	薄壳结构	悬索结构	单层厂房结构	无梁板结构		
楼板	LB9	非线性屋面板						○					
	LB10	后张法预应力组合板					○				○		
弹力墙板	J1	剪力墙外墙板		○									
	J2	T形剪力墙板		○									
	J3	L形剪力墙板		○									
	J4	U形剪力墙板		○									
	J5	L形外叶板		○									（PCF板）
	J6	双面叠合剪力墙板		○									
	J7	预制圆孔墙板		○									
	J8	剪力墙内墙板		○	○								
	J9	床下轻体墙板	○	○	○	○	○						
	J10	各种剪力墙价芯保温一体化板		○									（三明治墙板）
外挂墙板	W1	整间外挂墙板	○		○	○						○	分有窗、无窗或多窗
	W2	横向外挂墙板	○		○	○						○	
	W3	竖向外挂墙板	○		○	○	○					○	有单层、跨层
	W4	非线性外挂墙板	○		○	○						○	
	W5	镂空外挂墙板	○		○	○						○	
框架墙板	K1	暗柱暗梁墙板	○	○	○								所有板可以做成装饰保温一体化墙板
	K2	暗梁墙板		○									

类别	编号	名称	应用范围										说明
			混凝土装配整体式				混凝土全装配式					钢结构	
			框架结构	剪力墙结构	框剪结构	简体结构	框架结构	薄壳结构	悬索结构	单层厂房结构	无梁板结构		
梁	L1	梁	○		○	○	○						
	L2	T形梁	○				○			○			
	L3	凸梁	○				○			○			
	L4	带桃耳梁	○				○			○			
	L5	叠合梁	○	○	○	○							
	L6	带翼缘梁	○				○			○			
	L7	连梁	○	○	○	○							
	L8	叠合莲藕梁	○		○	○							
	L9	U形梁	○		○	○				○			
	L10	工字形屋面梁								○	○		
	L11	连筋式叠合梁	○		○	○							
柱	Z1	矩形柱	○		○	○	○			○	○		
	Z2	L形扁柱	○		○	○	○						
	Z3	T形扁柱	○		○	○	○						
	Z4	带翼缘柱	○		○	○	○						
	Z5	跨层方柱	○		○	○	○						
	Z6	跨层圆柱	○				○						
	Z7	带柱帽柱	○				○						
	Z8	带柱头柱	○				○	○	○				
	Z9	圆柱	○		○	○							
复合构件	F1	莲藕梁	○		○	○							
	F2	双莲藕梁	○		○	○							
	F3	十字形莲藕梁	○		○	○							
	F4	十字形梁+柱	○				○						
	F5	T形柱梁	○		○	○							
	F6	草字头形梁柱一体构件	○		○	○	○		○				

类别	编号	名称	混凝土装配整体式				混凝土全装配式					钢结构	说明
			框架结构	剪力墙结构	框剪结构	筒体结构	框架结构	薄壳结构	悬索结构	单层厂房结构	无梁板结构		
其他构件	Q1	楼梯板	○	○	○	○	○	○	○	○	○	○	单跑、双跑
	Q2	叠合阳台板	○	○	○	○						○	
	Q3	无梁板柱帽									○		
	Q4	杯形基础	○							○			
	Q5	全预制阳台板	○	○	○	○	○					○	
	Q6	空调板	○	○	○	○	○						
	Q7	带围栏阳台板	○	○	○	○	○						
	Q8	整体飘窗	○	○	○	○							
	Q9	遮阳板	○	○	○	○							
	Q10	室内曲面护栏板		○	○	○	○	○	○	○	○	○	
	Q11	轻质内隔墙板	○	○	○	○	○						
	Q12	挑檐板	○	○	○	○							
	Q13	女儿墙板	○	○	○	○							
	Q13-4	女儿墙压顶板	○	○	○	○							

3.2 PC 结构质量控制

3.2.1 施工前质量检查

1．PC 工程施工技术方案的主要内容

PC 工程施工需要事先制定详细的施工技术方案，其主要内容包括：工地内运输构件车辆道路设计、构件运输吊装流程、构件安装顺序、构件进场验收、起重设备配置与布置、构件场内堆放与运输、现浇混凝土伸出钢筋误差控制、构件安装测量与误差控制、构件吊装方案、构件临时支撑方案、灌浆作业方案、外墙挂板安装方案、后浇混凝土施工方案、防雷引下线连接与防锈蚀处理、外墙板接缝处理施工方案等。下面分别进行讨论。

1）工地内运输构件车辆的道路设计

运输构件车辆车身较长（一般为 17 m），负载较重，PC 工程施工现场应设计方便车辆进出、调头的道路。如果不采用硬质路面，须保证道路坚实，路面平整，排水通畅。

2）构件运输吊装流程

尽可能实现构件直接从运输车上吊装，减少了卸车、临时堆放、场内运输等环节。为此需了解工厂到工地道路限行规定，工厂制作和运输计划必须与安装计划紧密合拍。

如果无法实现或无法全部实现直接吊装，应考虑卸车—临时堆放—场内运输方案，需布置堆场、设计构件堆放方案和隔垫措施。当工地塔式起重机作业负荷饱满或没有覆盖卸车地点时，须考虑汽车式起重机卸车的作业场地。

3）构件安装顺序

制定构件安装顺序，编制安装计划，要求工厂按照安装计划发货。

4）构件进场验收

（1）确定构件进场验收检查的项目与检查验收方法。

（2）当采用从运输车上上直接吊装方案时，进场检查验收在车上进行，由于检查空间和角度都受到限制，须设计专门的检查验收办法以及准备相应的检查工具，无法直接观察的部位可用探镜检查。

（3）当采用临时堆堆放方案时，制定在场地检查验收的方案。

5）起重设备配置与布置

（1）起重设备的选选型与配置根据构件质量大小、起重机中心距离最远构件的距离、吊装作业量和构件吊装作业速度确定。目前 PC 施工常用塔式起重机有 4 种可供选择：固定式塔式起重机；移动式塔式起重机；履带起重机；汽车式起重机。

（2）起重设备的布置进行图上作业，起重机有效作业区域应覆盖所有吊装工作面，不留盲区。最常见的布置方式是在建筑物旁侧布置，日本也有筒体结构建筑，将塔式起重机与在建筑物中心的核心筒位置。

（3）对层数不高平面范围大的裙楼，塔式起重机不易覆盖时，可采用汽车式起重机方案，汽车式起重机作业场地应符合汽车式起重机架立的要求。

6）构件场内堆放与运输

施工现场无法进行车上直接吊装，就需要设计构件堆放场地与水平运输方案，包括：

（1）确定构件堆放方式、隔垫方式，设计靠放架等。

（2）根据构件存放量与堆放方式计算场地面积。

（3）选定场地位置、设计进场道路和场地构造等；要求场地坚实，排水顺畅。

（4）如果场地不在塔式起重机作业半径内，须设计构件装卸水平运输方案。

2．场地移交及布置

1）场地移交的要求

（1）建设单位应该完成平整场地，最后的施测成果应经建设、承包单位及监理人员的共同确认，作为后期计算场地平方挖运工程量的依据。

（2）建设单位应负责身板并提供项目施工用水的场内市政接驳口，用水量由工程施工、施工人员生活及临时消防用水量等决定。

（3）建设单位应负责向当地城市规划勘测部门身板现场测量控制放线，按项目规划设计批准在现场取得平面轴线导线点和标高的水准点。

2）场地布置的监理

项目监理机构检查施工总包单位是否按照批准的施工组织设计中总平面图布置施工场地。当工程现场存在多个施工分包单位施工，监理单位应该及时处理各单位之间关于场地的矛盾。

3．原材料、构配件及设备进场验收和见证取样检查

1）材料进场验收控制

施工单位对说使用的主要建筑材料在进场前应填报"工程材料/构配件/设备报审表"。凡进场材料，均应有产品合格证、产品使用说明书、数量清单等资料。

2）见证取样

见证取样的项目、数量和频率首先符合《房屋建筑工程和市政基础设施工程实现见证取样和送检的规定》《建设工程质量检测管理办法》等规范的有关规定，其次施工现场的见证取样还应遵守《建筑工程检测试验技术管理规范》的规定。

建设部在文件《房屋建筑工程和市政基础设施工程实现见证取样和送检的规定》中规定：

（1）设计结构安全的试块、试件和材料见证取样和送检比例不得低于有关定的应取数量的 30%。

（2）下列试块实践和材料必须实施见证取样和送检：

用于承重结构的混凝土试块、用于承重腔体的砌筑砂浆试块、用于承重结构的钢筋及连接结构实践、用于承重前搞的砖与混凝土小型砌块、用于板滞混凝土和砌筑砂浆的水泥、用于承重结构的混凝土使用的外加剂、地下屋面厕浴间的防水材料间以及国家规定必须实行见证取样和送检的其他试块、试件和材料。

见证过程中，不仅要做好见证记录，建设单位填写好《见证检验见证人授权委托书》，当见证人员发生变化时，监理单位应及时通知相关单位。

3.2.2 施工过程中质量检测

1．PC 安装施工过程中的质量控制及管理

（1）预制构件进场验收：预制构件进场必须对各种规格和型号构件的外观、几何尺寸、预留钢筋位置、埋件位置、灌浆孔洞、预留孔洞等编制检查验收表，逐项进行验收合格后方可卸车或吊装。

（2）部品部件、材料进场的质量检查，查核相关检测报告、出厂合格证书，需抽样复试的须进行抽样检测。

（3）依据相关国家及地方的规范及技术标准，编制详细的 PC 安装操作规程、技术要求、质量标准。

例如：预留预埋钢筋。现浇与 PC 之间、PC 与 PC 之间的竖向连接一般都采用预留预埋钢筋的方式，所以对预留钢筋的规格与数量、钢筋的搭接长度要求、钢筋的相对位置与绝对位置要严格控制精度，所示，确保 PC 安装无偏差。

在这种情况下，构件安装偏差的控制方法如下：

安装前应将轴线、柱位线及其控制线、墙位线及其控制线、梁投影线及其控制线、标高控制线进行测量标注；各种构件安装时应将偏差降低到最小范围，越精确越好，可减少积累误差，对安装质量和工效会有很大的提高。调整垂直度要采用经纬仪（框架柱要采用两台同时测定），墙、梁采用垂直靠尺及红外线垂直投点仪，标高测定采用高精度水准仪。

（4）进行专门的安装质量标准培训。

（5）列出 PC 工程施工重点监督工序的质量管理，如灌浆作业的质量要点如下：

① 封模严密无漏浆。

② 墙坐浆无孔、无缝隙、达强度、不漏浆。

③ 调浆用水为洁净自来水。

④ 浆料调制用水量精确。

⑤ 调制时间和静止时间必须符合浆料产品使用要求。

⑥ 流动度符合要求。

⑦ 灌浆时间控制在 30 min 以内。

⑧ 根据计算用量核实实际用量的偏差值。

⑨ 确保每个出浆孔全部出浆。

（6）所有隐蔽工程的质量管理要求。

（7）代表性单元试安装过程的偏差记录、误差判断、纠正系数。

（8）钢筋机械连接、灌浆套筒连接的试件试验计划。

（9）外挂墙板的质量管理。

（10）成品保护措施方案。

① 构件翻身起吊时，在根部必须垫上橡胶垫等柔软物质，保护构件。

② 堆场堆放要根据各种型号构件，采用相适应的垫木、靠放架等。

③ 构件安装时严格控制碰撞。

④ 竖向支撑架上应搁置有足够强度的木方。

⑤ 安装完毕后对有阳角的构件，要进行护角保护。

2．PC 基坑工程施工质量控制

基坑工程是指建筑物或构筑物地下部分施工时，开挖基坑，进行施工降水和基坑周围的围挡。基坑工程所采用的支护结构形式多样，通常可分为桩（墙）式支护体系和重力式支护体系两大类，不同的分类方法得到不同的基坑种类。对于支护结构，要选用合适的体系，检测支护工程的施工质量。

《建设工程监理规范》规定：监理结构应根据监理合同约定，遵循动态控制原理，坚持预防为主的原则，制定和实施相应的监理措施，采用旁站、巡视和平行检验的方式对建设工程实施监理。

"平行检验"的定义为：项目监理机构在施工单位自检的同时，按照有关规定和监理合同约定对同一检验项目进行检测试验活动。

常见平行检验项目、检验方法和检验比例见表 3-2。

表 3-2　常见平行检验项目、检验方法和检验比例

序号	分项工程	检测项目	检验方法	检验比例
1	混凝土工程	混凝土保护层	钢筋扫描仪	
		混凝土强度	回弹仪	
		结构板厚	非破损法、局部破损法	
		楼板板厚	穿孔量测	
		层高垂直度	吊线、钢尺	
2	钢筋工程	钢筋条数直径	按图检查	
		钢筋间距		
		保护层厚度		
		钢筋接头质量和位置	钢尺目测	
		钢筋搭接位置和长度		
3	轴线工程	轴线	钢尺或红外线测距仪量测	
		层高		
4	防水工程	涂抹层厚度	针刺或取样	
		蓄水、淋水试验、雨后	观察	

3.2.3　施工后质量验收

1．工程如何进行项目验收划分

1）项目验收划分

国家标准《建筑工程施工质量验收统一标准》（GB50300—2013）将建筑工程质量验收划分为单位工程、分部工程、分项工程和检验批。其中分部工程较大或较复杂时，可划分为若干子分部工程。

质量验收划分不同，验收抽样、要求、程序和组织都不同。

（1）对于分项工程，由专业监理工程师组织施工单位专业项目技术负责人等进行验收。

（2）对于分部工程，由总监理工程师组织施工单位负责人和项目技术负责人等进行验收。

（3）设计单位项目负责人和施工单位技术、质量部门负责人应参加主体结构、节能分部工程验收。

2015年版的国家标准《混凝土结构工程施工质量验收规范》（GB50204—2015）将装配式建筑划为分项工程。

2）主控项目与一般项目

工程检验项目分为主控项目和一般项目。

主控项目是建筑工程中对安全、节能、环境保护和主要使用功能起决定性作用的检验项目。主控项目以外的项目为一般项目。

2．PC工程结构验收的主控项目

PC结构与传统现浇结构在工程验收阶段有较多不同的主控项目，主要集中在横向连接、竖向连接及接缝防水等方面。具体项目以及检查数量、检验方法如下：

（1）预制构件临时固定措施应符合设计、专项施工方案要求及国家现行有关标准的规定。

检查数量：全数检查。

检验方法：观察检查，检查施工方案、施工记录或设计文件。

（2）装配式结构采用后浇混凝土连接时，构件连接处后浇混凝土强度应符合设计要求。

检查数量：按批检验。

检验方法：应符合现行国家标准《混凝土强度测验评定标准》（GB/T50107—2010）的有关规定。

（3）钢筋采用套筒灌浆连接、浆锚搭接连接时，灌浆应饱满、密实，所有出口应出浆。

检查数量：全数检查。

检验方法：检查灌浆施工质量检查记录和有关检验报告。

（4）钢筋套筒灌浆连接及浆锚搭接连接用的灌料强度应符合国家现行有关标准的规定及设计要求。

检查数量：按批检验，以每层为一批；每工作班应制作 1 组且每层不少于 3 组 40 mm×40 mm×160 mm 的长方体试件，标准养护 28 d 后进行抗压强度试验。

检验方法：检查灌浆料强度实验报告及评定记录。

（5）预制件底部接缝坐浆强度应满足设计要求。

检查数量：按批检验，以每层为一批；每工作班应制作 1 组且每层不少于 3 组边长为 70.7 mm 的立方体试件，标准养护 28 d 后进行抗压强度试验。

检验方法：检查坐浆材料强度试验报告及评定记录。

（6）钢筋采用机械连接时，其接头质量应符合现行行业标准《钢钢筋机械连接技术规程》（JGJ107—2016）的有关规定。

检查数量：应符合现行行业标准《钢筋机械连接技术规程》（JGJ107—2016）的有关规定。

检验方法：检查钢筋机械连接施工记录及平行测试的强度试验报告。

（7）钢筋采用焊接连接时，其焊缝的接头质量应满足设计要求，并应符合现行行业标准《钢筋焊接及验收规程》（JGJ18—2012）的有关规定。

检查数量：应符合现行行业标准《钢筋焊接及验收规程》（JGJ18—2012）的有关规定。

检验方法：检查钢筋焊接接头检验批质量验收记录。

（8）预制构件采用型钢焊接连接时，型钢焊缝接头质量应满足设计要求，并应符合现行国家标准《钢结构焊接规范》（GB50661—2011）和《钢结构工程施工质量验收规范》（GB50205—2001）的有关规定。

检查数量：全数检查。

检验方法：应符合现行国家标准《钢结构工程施工质量验收规范》（B50205—2001）的有关规定。

（9）预制构件采用螺栓连接时，螺栓的材质、规格、拧紧力矩应符合设计要求及现行国家标准《钢结构设计规范》（GB50017—2017）和《钢结构工程施工质量验收规范》（GB50205—2001）的有关规定。

（10）装配式结构分项工程的外观质量不应有严重缺陷，且不得有影响结构性能和使用功能的尺寸偏差。

检查数量：全数检查。

检验方法：应符合现行国家标准《钢结构工程施工质量验收规范》（GB50205—2001）。

疤、氧气铁皮、污垢等，除设计要求外摩擦面不应涂漆。

检查数量：全数检查。

检验方法：观察检查。

（11）高强度螺栓应自由穿入螺栓孔。高强度螺栓孔不应采用气割扩孔，扩孔数量应征得设计同意，扩孔后的孔径不应超过 1.2d（d 为螺栓直径）。

检查数量：被扩螺栓孔全数检查。

检验方法：观察检查及用卡尺检查。

（12）螺栓球节点网架总拼完成后，高强度螺栓与球节点应紧固连接，高强度螺栓拧入螺栓球内的爆纹长度不应小于 1.0d（d 为螺栓直径），连接处不应出现有间隙、松动等未拧紧情况。

检查数量：按节点数抽查 5%，且不应少于 10 个。

检验方法：普通扳手及尺量检查。

3．PC 工程结构验收的一般项目

PC 工程验收除了主控项目外还有一些一般项目，国家标准《装标》中对 PC 工程结构验收的一般项目规定如下：

1）预制构件制作

（1）预制构件外观质量不应有一般缺陷，对出现的一般缺陷应要求构件生产单位按技术处理方案进行处理，并重新检查验收。

检查数量：全数检查。

检验方法：观察，检查技术处理方案和处理记录。

（2）预制构件粗糙面的外观质量、键槽的外观质量和数量应符合设计要求。

检查数量：全数检查。

检验方法：观察，量测。

（3）预制构件表面预贴饰面砖、石材等饰面及装饰混凝土饰面的外观质量应符合设计要求或国家现行有关标准的规定。

检查数量：按批检查。

检验方法：观察或轻击检查；与样板对比。

（4）预制构件上的埋件、预留插筋、预留孔洞、预埋管线等规格型号、数量应符合设计要求。

检查数量：按批检查。

粒验方法：观察、尺量；检查产品合格证。

（5）预制板类、墙板类。梁柱类构件外形尺寸偏差和检验方法应分别符合相应的规定。

检查数量：按照进场检验批，同一规格（品种）的构件每次抽检数量不应少于相应规定数量的 5% 且不少于 3 件。

（6）装饰构件的装饰外观尺寸偏差和检验方法符合设计要求。当设计无要求时，应按照表 3-3 的规定。

检查数量：按照进场检验批，同一规格（品种）的构件每次抽检数量不应少于该规格（品种）数量的 10% 且不少于 5 件。

表 3-3　装饰构件外观尺寸允许偏差及检验方法

项次	装饰种类	检验项目	允许偏差/mm	检验方法
1	通用	表面平整度	2	2 m 靠尺或靠尺检查
2	面砖、石材	阳角方正	2	用托线板检查
3		上口平直	2	拉通线用铜尺检查
4		接缝平直	3	用钢尺或靠尺检查
5		接缝深度	±5	用钢尺或靠尺检查
6		接缝宽度	±2	用钢尺检查

2）预制构件安装与连接

（1）装配式结构分项工程的施工尺寸偏差及检验方法应符合设计要求；当设计无要求时，应按照表 3-3 的规定。

检查数量：按楼层、结构缝或施工段划分检验批。在同一检验批内，对梁、柱，应抽查构件数量的 10%，且不少于 3 件；对墙和板，应按有代表性的自然间抽查 10%，且不少于 3 间；对于大空间结构，墙可按相邻轴线间高度 5 m 左右划分检查面，板可按纵、横轴线划分检查面，抽查 10%，且均不少于 3 面。

（2）装配式混凝土建筑的饰面外观质量应符合设计要求，并应符合现行国家标准《建筑装饰装修工程质量验收规范》（GB50210—2001）的有关规定。

检查数量：全数检查。

检验方法：观察、对比量测。

4．PC 工程结构安装验收的允许偏差

PC 结构工程安装的允许偏差见表 3-4。

表 3-4　预制构件安装尺寸的允许偏差及检验方法

项 目			允许偏差/mm	检验方法
构建中心线对轴线位置	基 础		15	经纬仪及尺量
	竖向构件（柱、墙、桁架）		8	
	水平构件（梁、板）		5	
构建标高	梁、柱、板底面或顶面		±5	水准仪或拉线、尺量
构件垂直度	柱、墙	≤6 m	5	经纬仪或吊线、尺量
		>6 m	10	
构件倾斜度	梁、桁架		5	经纬仪或吊线、尺量
相邻构件平整度	板端面		5	2 m 靠尺和塞尺测量
	梁、板底面	外露	3	
		不外露	5	
	柱墙侧面	外露	5	
		不外露	8	
构件搁置长度	梁、板		±10	尺 量
支座、支垫中心位置	板、梁、柱、墙、桁架		10	尺 量
墙板接缝	宽 度		±5	尺 量

5．PC 结构实体检验

PC 结构实体检验是工程验收过程中的关键。具体有如下项目：

（1）装配式混凝土结构子分部工程分段验收前，应进行结构实体检验。结构实体检验应由监理单位组织施工单位实施，并见证实施过程。参照国家标准《混凝土结构工程施工质量验收规范》（GB50204—2015）第 8 章现浇结构分项工程。

（2）结构实体检验应包括混凝土强度、钢筋保护层厚度、结构位置与尺寸偏差以及合同约定的项目，必要时可检验其他项目，除结构位置与尺寸偏差外的结构实体检验项目，应由具有相应资质的检测机构完成。预制构件实体性能检验报告应由构件生产单位提交施工总承包单位，并由专业监理工程师审查备案。

（3）钢筋保护层厚度、结构位置与尺寸偏差按照《混凝土结工程施工质量验收规范》（GB50204—2015）执行。

（4）预制构件现浇结合部位实体检验应进行以下项目检测：

① 结合部位的钢筋直径、间距和混凝土保护层厚度。

② 结合部位的后浇混凝土强度。

（5）对预制构件的混凝土、叠合梁、叠合板后浇混凝土和灌浆料的强度检验，应以在浇筑地点制备并与结构实体同条件养护的试件强度为依据。混凝土强度检验用同条件养护试件的留置、养护和强度代表值应按《混凝土结构工程施工质量验收规范》（GB50204—2015）附录 D 的规定进行，也可按国家现行标准规定采用非破损或局部破损的检测方法检测。

（6）当未能取得同条件养护试件强度成同条件养护试件强度被判定为不合格，应委托具有相应资质等级的检测机构按国家有关标准的规定进行检测。

（7）在验收方面与现浇结构的不同。

① 增加了构件的验收，构件的隐蔽工程验收通常在工厂内进行，验收资料随构件交付施工方、监理方；构件的外形尺寸及外观验收通常在施工现场进行、验收后留存验收资料。

② 增加了构件之间连接的验收，PC 结构工程增加了连接节点，包括 PC 构件的横向连连接、叠合连接、机械连接、焊接连接等。对这些关键的连接节点需要进行验收。

③ 对后浇混凝土的验收。

《建筑工程施工质量验收统一标准》对检验批质量验收规定如下：

检验批的质量检验，选择合适的抽样方案：一次或多次抽样方案，计数抽样方案，调整型抽样方案，全数抽样方案。

本条给出了检验批质量检验评定抽样方案，可根据检验项目的特点进行选择。对于检验项目的计量、计数检验，可分为全数检验和抽样检验。对于构件截面尺寸或外观质量等的检验项目，宜选用考虑合格质量水平的生产方风险 α 和使用风险 β 的一次或二次抽样方案，也可选用经实践经验有效的抽样方案。

制定检验批的抽样方案时，对生产方风险和使用风险可按下列规定采取：（a）主控项目中，对应于合格质量水平的 α 和 β 均不宜超过 5%；（b）一般项目中，对应于合格质量水平的 α 不宜超过 5%，β 不宜超过 10%。

（1）检验批的划分：检验批时工程验收的最小单元，是分项工程乃至整个建筑工程施工中条件相同并有一定数量的材料构配件或安装项目，由于其质量均匀一致，因此可以作为检验的基础单位，按批验收。

（2）多层和高层建筑工程中主体部分的分项工程可按楼层或施工段来划分检验批，地基基础一般划分为一个检验批，屋面分部工程中的分项工程不同楼层可划分为不同的检验批。

（3）质量控制资料反映了检验批从原材料到最终验收的各施工工序的操作依据，对其完整性的检查，实际是对过程控制的确认，是检验批合格的前提。

（4）检验批的合格质量取决于主控项目和一般项目的检验结果。主控项目是对检验批的基本质量起决定性影响的检验项目，必须全部符合要求，由专业监理工程师组织施工单位质检员进行验收，质检员填写验收记录。

分项工程应按主要工种、施工工艺、材料、设备类别等进行划分。分项工程可由若干个检验批组成，检验批可根据施工及质量控制和专业验收需要按楼层、施工段、变形缝等进行划分。分项工程划分成检验批及时进行验收，有利于对施工中出现的质量问题的处理。

分项工程质量验收合格应符合下列规定：

（1）分项工程所包含的检验批均应符合合格质量的规定。

（2）分项工程所含的检验批的质量验收记录应完整。

监理工程师在分项工程验收时材料和其他质量检测报告是否齐全，验收部位是否完整，涉及桩基、承台、防水层、地下室底板、顶板等质量分项工程验收时应通知工程质量监督机构派员参加。

分部工程时单位工程的组成部分，单独不能发挥效用，一般按工程部位专业等划分，通常在国家标准中明确给出了单位工程所包含的分部工程的名称和数量。分部工程验收时，各分项工程必须已验收合格且相应的质量控制资料完整，当涉及安全和使用功能的地基基础、主体结构、建筑节能、有关安全及重要使用功能的安装分部工程应进行有关见证取样送样试验或抽样检测，结果为"差"的检查点应通过返修处理等补救。

建筑工程除了进行各个分部分项工程验收外，还必须对如规划、消防、人防和环保等工程或项目进行专门验收，才能完成全部工程验收进行竣工备案，称为专项工程验收。对于专项工程验收，施工单位必须按照专项工程验收的要求内容进行自检，并在监理单位、建设单位验收合格后，向政府主管部门申请专项验收及备案。主要验收内容有：规划验收、消防验收、人防工程验收、环保验收，电梯验收和档案验收。

隐蔽工程验收是指将被其他分先工程所隐蔽的分项工程或分部工程，在隐蔽前所进行的检查或验收，是施工过程中实施技术性复核检验的一个内容，是防止质量隐患、保证工程项目质量的重要措施，是质量控制的一个关键过程。

（1）隐蔽工程验收的作用：

隐蔽工程通常理解为"需要覆盖或掩盖以后才能进行下一道工序施工的工程部位"或者下一道工序施工后，将上一道工序的施工部位覆盖，无法对上一道工序的部位直接进行质量检查，上一道工序的部位即称之为隐蔽工程。

（2）常见隐蔽工程部位或工序：

① 基础施工前地基检查和承载力检测。

② 基坑回填土前对基础质量的检查。

③ 混凝土浇筑前对模板、钢筋安装的检查。

④ 主体工程各部位的钢筋工程、结构焊接和防水工程等，以及容易出现质量通病的部位等。

（3）隐蔽工程验收工作程序：

① 施工单位先进行自检，填写检验表，再通知监理单位验收并形成文件。

② 监理单位及时检查，填写"＿＿＿＿＿＿＿报审、报验表"，准予进入下一道工序。一旦不合格，总监签发"不合格项目通知"，指令整改。

（4）工程预检指工程未施工前的复核性预先检查，常规的测量工程和混凝土工程等都要进行预检，监理工程师检查施工记录并检查不同参与方的交接工序的逻辑。

3.3 PC 结构进度控制

3.3.1 施工前进度计划

PC 工程施工计划主要包含了 PC 安装计划、机电安装计划、内装计划等，同时将各专业计划形成流水施工，体现了 PC 工程缩短工期的优势。

1．PC 安装计划

（1）测算各种规格型号的构件，从挂钩、立起、吊运、安装、加固、回落一个工作流程在各个楼层所用的工作时间数据。

（2）依据测算取得的时间数据计算一个施工段所有构件安装所需起重机的工作时间。

（3）对采用的灌浆料、浆料、坐浆料要制作同条件试块，试压取得在 4 h（坐浆料）、18 h、24 h、36 h 时的抗压强度，依据设计要求去确定后序构件吊装开始时间。

（4）根据以上时间要求及吊装顺序，编制按每小时计的构件要货计划、吊装计划及配备计划。

（5）根据 PC 工程结构形式的不同，在不影响构件吊装总进度的同时，要及时穿插后浇混凝土所需模板、钢筋等其他辅助材料的吊运，确定好时间节点。

（6）在编排计划时，如果吊装用起重机工作时间不够，吊运辅助材料可采取其他垂直运输机械配合。

（7）根据构件连接形式，对后浇混凝土部分，确定支模方式、钢筋绑扎及混凝土浇筑方案，确定养护方案及养护所需时间，以保证下一施工段的吊装工作进行。

（8）计划内容主要包含：测量放线、运输计划时间、各种构件吊装顺序和时间、校正加固、封模封缝、灌浆顺序及时间、各工种人员配备数量、质量监督检查方法、安全设施配备实施、偏差记录要求、各种检验数据实时采集方法、质量安全应急预案等。

2．机电安装计划、内装计划

（1）通常在结构施工达 3～4 个楼层时，所有部品部件安装完毕后即可进入机电安装施工。

（2）在外墙门窗等完成后就可进入内装施。

3．PC 工程施工衔接

（1）PC 工程不同于传统建筑施工，可将 PC 安装、机电安装、内装组合成大流水作业方式。

（2）PC 安装施工中，将生产计划与安装计划要做到无缝对接。

（3）PC 安装计划中，要将起重机的工作以每小时来计划，合理穿插各种料具运输，要使各项工作顺畅。

3.3.2　施工过程中进度控制

1．PC 工程施工前计划的编制

依据 PC 工程施工计划要求，根据确定的吊装顺序和时间，编制 PC 构件及建筑部品的进场计划，主要包括以下内容：

（1）确定每种型号构件的模板制作、安装、钢筋入模、混凝土浇筑、脱模、养护、检查、修补完成具备运送条件的循环时间。

（2）依据 PC 安装计划所要求的各种型号构件计划到场时间，以及各种部品部件的生产及到场时间，确定构件及部品部件的加工制作时间点，并充分考虑不可预见的风险因素。

（3）计划中必须包含构件及部品部件运输至现场、到场检验所占占用的时间。

（4）根据 PC 安装进度计划中每一个施工段来组织生产和进场所需构件及部品部件。

（5）在编制 PC 构件及部品进场计划时，要详细列出构件型号，对应型号的具体到场时间要以小时计。

（6）每种型号及规格的构件及部品部件应在计划数量外有备用件。

（7）对于在车上直接起吊并采取叠放装车运输的构件，应根据吊装顺序逆向装车。

在这里提供一个每层楼构件的详细进场时间计划表，供读者参考，见表 3-5。

表3-5　楼层构件进程时间计划表

作业区域	构件类型	序号	构件名称	构件数量	14日 8点	14日 10点	14日 12点	14日 14点	14日 16点	15日 8点	15日 10点	15日 12点	15日 14点	15日 16点	16日 8点	16日 10点	16日 12点	16日 14点	16日 16点	17日 8点	17日 10点	17日 12点	17日 14点	17日 16点	备注
1轴线到8轴线	外墙构件	1	剪力墙外墙板	16	8	8																			
	外墙构件	2	剪力墙外墙板	6			6																		
	外墙构件	3	阳合板	6				6																	
	外墙构件	4	空调板	6					6																
	外墙构件	5	L形外叶板	2					2																
	内墙板	6	剪力墙内墙板	24						8	8	8													
	内墙板	7	剪力墙内墙板	12									8	4											
	楼板	8	连梁	9										3	6										
	楼板	9	叠合楼板	24											8	8	8								
	楼板	10	叠合楼板	12														6	6						
	楼梯板	11	楼梯板	4																	4				
8轴线到16轴线	外墙构件	12	剪力墙外墙板	16						8	8														
	外墙构件	13	剪力墙外墙板	6								6													
	外墙构件	14	阳合板	6									6												
	外墙构件	15	空调板	6										6											
	外墙构件	16	L形外叶板	2										2											
	内墙板	17	剪力墙内墙板	24											8	8	8								
	内墙板	18	剪力墙内墙板	12														8	4						
	楼板	19	连梁	9															3	6					
	楼板	20	叠合楼板	24																8	8	8			
	楼板	21	叠合楼板	12																			6	6	
	楼梯板	22	楼梯板	4																				4	

2．PC 工程施工劳动力计划的编制

（1）根据 PC 工程的总体施工计划确定各专业工种。

（2）根据 PC 工程的结构形式与安装方案确定操作人员数量。

（3）多栋建筑可以采用以栋为流水作业段编制；独幢建筑采用以区域划分为流水作业段编制；单体建筑较小无法采用区域划分流水段时，可采用按工序流水施工编制，尽量免窝工。

（4）PC 安装工程一般包括的工种有：测量工、起重司索工、信号工、起重机操作员、监护人、安装校正加固工、封模工（模板工）、灌浆工、钢筋工、混凝土工、架子工、电焊工、电工等。

① 测量工：测定轴线、标高，测放轴线、控制线、构件位置线。

② 起重司索工：属特种工种，实施构件装卸、吊装挂索。

③ 信号工：属特种工种，指挥构件起吊、安装，与起重机操作员、安装校正人员协同配合构件安装。

④ 起重机操作员：属特种工种，听从信号工的指挥指令进行吊装作业。

⑤ 安装校正加固工：实施构件安装、校正、加固。

⑥ 封模工（模板工）：灌浆部位的封模，后浇混凝土的模板、水平构件支撑系统工程施工。

⑦ 灌浆工：属特殊工种，进行灌浆作业。

⑧ 钢筋工、混凝土工、架子工、电焊工、电工等工种相同于传统建筑。

⑨ 监护人：吊装作业时各危险点专业监护人员，及时发出危险信号，要求其他作业是避让危险。

（5）PC 工程施工常规配备人员参考数量，见表 3-6。

表 3-6　PC 工程施工常规配备人员数量参考表（每班）

工种	起重机操作员	信号指挥工	司索工	安装校正	监护人	测量员	封膜工	灌浆工	电工	其他工种
人数	1	2	2	3	2	2	1	3	1	依工程量

PC 工程施工人员培训计划主要包括以下内容：

（1）全员岗前培训。

（2）专项操作技能培训。

① 宜采用制作代表性单元的模型进行安装顺序模拟培训。

② 建立微信群，采用图片、小视频等手段进行培训，也可采用 3D 动画进行安装培训。

③ 对每个工序的安装所采用的工装工具使用方法培训。

④ 明确规定各种构件、部品部件安装技术要求、安装方法及安装偏差范围。

⑤ 对灌浆作业技术要求、操作方法进行专项培训。

（3）安全操作培训。

① 各工序的安全设施使用方法及要求。

② 吊装作业各环节危险源分析及应对措施。

③ 吊装作业各环节安全注意事项及防范措施。

④ 高空作业安全措施。

⑤ 临时用电安全要求。

⑥ 作业区警示标志实施要求。

⑦ 动火作业安全要求。

⑧ 起重机、吊具、吊索日常检查要求。

⑨ 受限空间安全操作要求。

⑩ 个人劳动防护用品使用要求。

⑪ 进场三级教育培训。

（4）每日班前教育培训。

① 必须取得培训合格让后方可上岗。

② 根据每日施工内容进行班前安全技术交底。

3．编制材料与配件计划

（1）根据 PC 工程施工图样的要求，确定配套材料与配件的型号、数量，常规使用的主要有以下几种：

① 材料：灌浆料、浆锚料、坐浆料、钢筋连接套筒、密封胶、保温材料等。

② 配件：橡胶塞、海绵条、双面胶带、各种规格的螺栓、钢垫片、模板加固夹具等。

（2）材料与配件的计划。

① 根据材料与配件型号及数量，依据施工计划时间以及各施工段的用量制定采购计划。

② 根据当地市场情况，确定外地定点采购与当地采购的计划。

③ 外地定点采购的材料与配件要列出清单，确定生产周期、运输周期，并留出时间余量。

④ 对于有保质期的材料，要按施工进度计划确定每批采购量。

⑤ 对于有检测复试要求的材料，必须考虑复试时间与使用时间的相互关系。

4．编制机具设备计划

机具设备是 PC 工程施工过程中非常重要的一环，须在前期准备工作中完成。

（1）起重机设备。

（2）高空作业设备。

（3）浆料调制机具。

（4）灌浆机械。

（5）吊装吊具。

（6）构件安装专用工具。

（7）可调斜支撑系统。

（8）水平构件支撑系统。

（9）封膜料具。

（10）安全设施料具。

5．机具设备的租用、定制与采购计划

（1）PC 施工所用的机具，有很多是需要租用或定制加工的，如：吊具、构件安装专用工具、可调斜支撑系统、封膜料具、专用安全设施料具等。

（2）市场能采购（或租赁）到的机具，如：起重机设备、高空作业设备、浆料调制机具、灌浆机械、水平构件支撑系统等。

（3）所有机具设备的租用、定制、采购计划应提前确定，并根据施工计划要求及时到场。

6．编制配件、部件外委加工件计划

（1）PC 工程的较多配件、部件是传统施工所没有的，各种结构形式的 PC 工程所用配件、部件也不相一致，所以需根据本工程特点，经设计确定配件、部件的形式、材质，性能等，进行外委加工。

（2）外委加工的配件和部件要经过设计、验算后确定。

（3）在选择外委加工企业时，对其加工实力进行考察评定。

（4）确定外委加工单位后，确定加工周期与施工周期同步。

（5）所有外委加工的配件和部件，应先加工样品，经试用后对其缺陷进行修正，再进行批量加工。

（6）对于外委加工的配件与部件所用的常规配套材料，确定数量后可在市场上采购。

7．编制安全施工计划

（1）安全施工计划是依据 PC 工程施工方案所包含的各个工作环节所必须采取的安全措施、应配备的安全设施、施工操作安全要领、危险源控制方法的安排与预案。

（2）编制安全施工计划的要点：

① 起重机械的主要性能及参数、机械安装、提升、拆除的专项方案制定。

② PC 安装各施工工序采用的安全设施或作业机具的操作规程要求。

③ PC 吊装用吊具、吊索、卸扣等受力部件的检查计划。

④ 高空作业车、人字梯等登高作业机具的检查计划。

⑤ 个人劳动防护用品使用检查计划。

⑥ 安全施工计划要落实到具体事项，责任人和实施完成时间。

3.3.3 竣工验收

建筑工程完工后，施工单位应自行组织有关人员进行检查评定，报监理单位复核，提交"单位工程竣工验收报审表"，要求提交"房屋建筑工程质量保修书""住宅使用说明书""单位工程质量控制资料核查记录""单位工程安全和功能检验资料核查及主要功能抽查记录""单位工程观感质量检查记录"等表格报监理单位审查，总监理工程师审查同意后报请建设单位组织参建单位进行工程竣工验收工作，验收完毕由施工单位向建设单位提交"工程竣工验收报告"。

建筑工程完工并当工程预验收通过或具备竣工验收条件后，监理单位应编制"工程质量评估报告"，根据各单位提交的验收组人员名单协助建设单位编制"工程质量竣工验收计划书""工程监理工作总结"，并将"工程质量竣工验收计划书"报建设单位和工程质量监督机构备案。

建设单位收到工程竣工验收报告后，应由建设单位（项目）负责人组织施工、设计、监理等单位（项目）负责人进行单位（子单位）工程竣工验收。

单位工程实行总承包的，总承包单位应按照承包的权利义务对建设单位负总责，分包单位对总承包单位负责。因此，分包单位对承建的项目进行检验时，总包单位应组织并派人参加，检验合格后，分包单位应将工程的有关资料移交总包单位。建设单位组织单位工程质量竣工验收时，分包单位相关负责人参加验收。建设单位应在验收前 7 个工作日，把竣工验收的时间、地点，参加验收单位主要人员，及时通知工程质量、安全监督机构。

工程建设竣工验收备案表：

（1）单位（子单位）工程质量控制资料核查记录 GD401。

（2）单位（子单位）工程安全和功能检验资料核查及主要功能抽查记录 GD402。

（3）单位（子单位）工程观感质量检查记录。

（4）消防验收意见表。

（5）环保验收合格表。

（6）住宅质量保证书。

（7）住宅使用说明书。

（8）工程竣工验收申请表。

（9）工程竣工验收报告。

（10）子分部工程质量验收纪要。

（11）建筑节能工程质量情况。

3.4 PC 结构成本控制

3.4.1 成本构成及对比分析

1．PC 工程施工成本与造价的构成

严格意义上说，PC 工程施工总造价中是包含构件造价、运输造价和安装自身的造价这三部分的，安装取费和税金也都是以总造价为基数计算的。但因为构件造价和运输造价通常已经由构件厂承担了，所以大多数从业者考虑 PC 工程施工成本与造价时，仅考虑安装自身的造价这一部分。按照这个思路，安装自身的造价主要包括以下 6 个部分：

（1）安装部件、附件和材料费。

（2）安装人工费与劳动保护用具费。

（3）水平、垂直运输、吊装设备、设施费。

（4）脚手架、安全网等安全设施费。

（5）设备、仪器、工具的摊销；现场临时设施和暂设费。

（6）人员调遣费；工程管理费、利润、税金等。

2．PC 工程施工与现浇混凝土建筑的施工成本的不同

PC 工程施工与现浇混凝土建筑的施工成本，从构成上大致相同，都是包含了人工费、材料费、机械费、组织措施费、规费、企业管理费、利润、税金等。但由于建造方式、施工工

艺的不同，在各个环节上的成本也不尽相同，具体分析如下：

1）人工费

装配式混凝土结构建筑比现浇混凝土结构建筑，施工现场会减少人工。

（1）PC工程现场吊装、灌浆作业人工增加。

（2）模板、钢筋、浇筑、脚手架人工减少。

（3）现场用工大量转移到工厂。如果工厂自动化程度高，总的人工减少，且幅度较大；如果工厂自动化程度低，人工相差不大。

随着中国人口老龄化的出现、人口红利的消失，人工成本越来越高，当有一天人工成本高于材料成本时，就更能彰显出装配式建筑的优势。

2）材料费

装配式混凝土结构建筑比现浇混凝土结构建筑，材料费有增加有减少。

（1）结构连接处增加了套管和灌浆料或浆锚孔的约束钢筋、波纹管等。

（2）钢筋增加，包括钢筋的搭接、套筒或浆锚连接区域箍筋加密；深入支座的锚固钢筋增加或增加了锚固板。

（3）增加预埋件。

（4）叠合楼盖厚度增加20 mm。

（5）夹心保温墙板增加外叶板和连接件（提高了防火性能）。

（6）钢结构建筑使用的预制楼梯增加连接套管。

（7）落地灰以及混凝土损耗减少了。

（8）模板减少了。

（9）养护用水减少了。

（10）建筑垃圾减少了。

（11）减少了竖向支撑。

3）机械费

装配式混凝土结构建筑现场需要装配化施工，因此机械费会增加。

（1）现场起重机起重量较传统现浇增加。

（2）集成化程度高的项目现场起重设备使用频率减少了。

（3）灌浆需要专用机械。

4）组织措施费

PC工程施工组织措施费是减少的。

（1）现场工棚、仓库等临时设施减少。

（2）冬季施工成本大幅度减少。

（3）现场垃圾及清运大幅度减少。

5）管理费、规费、利润、税金

管理费和利润由企业自己调整计取，规费和税金是非竞争性取费，费率由政府主管部门确定，总的来看变化不大，可排除对造价的影响。

通过分析不难看出，PC工程施工成本中人工费、措施费是减少的；材料费和机械费是增加的；管理费、规费、利润、税金等对其成本影响不大。

3.4.2 施工过程中成本控制措施

1．PC 工程施工控制成本的主要环节

PC 工程施工环节成本可压缩空间并不大，整个装配式混凝土建筑的成本压缩，主要是由规范、设计、甲方等环节决定的。但是，PC 程施工也不是说在控制成本上无所作为，也有必要尽可能地降低成本。

1）施工企业本身可降低的成本

（1）降低材料费。多数环节材料费是没法降低的，套筒、灌浆料、密封胶等根本没有压缩空间。材料方面所能降低成本的环节主要是通过保证后浇混凝土区的精度、光滑度、衔接性。如此，脱模后表面简单处理就可以了，与预制构件表面一样，可以减少抹灰成本。

（2）降低人工费。目前，人工费降不下来的主要原因在于：现场现浇量多，工人数量减少有限；安装工人不熟练，作业人员偏多；窝工现象比较严重。

降低人工费的途径：提高工人专业技能减少作业人员；采用委托专业劳务企业承包的方式减少窝工。

（3）设备摊销成本。做好施工计划管理，尽可能缩短工期，降低重型塔式起重机的设备租金或摊销费用。

2）施工企业以外环节对施工环节降低成本的作用

（1）适宜的设计拆分。

① 施工企业应在项目早期参与装配式混凝土建筑的结构设计，要考虑构件拆分和制作、运输、施工等环节的合理性。

② 构件拆分时，尽可能减少构件规格，而且 PC 构件重量应在施工现场起重设备的起重范围内。

③ 优化设计，满足降低成本的要求。

（2）通过技术进步和规范的调整，尽可能减少工地现浇混凝土量，简化连接节点构造。

（3）通过全装修环节的性价比提高和集成化优势降低工程总成本。

（4）实现管线分离，可以减少诸如楼板接缝环节的麻烦。

2．工程变更价款审查

1）工程变更的内容

所谓工程变更是指因设计图纸的错、漏、碰、缺，或因对某些部位设计调整及修改，或因施工现场无法实现设计图纸意图而不得不按现场条件组织施工实施等的事件。工程变更包括设计变更、进度计划变更、施工条件变更、工程量变更以及原招标文件和工程量清单中未包括的其他工程。

2）工程变更的程序

由于工程变更会带来工程造价和工期的变化，为了有效地控制造价，无论任何一方提出工程变更，均需由项目监理机构确认并签发工程变更指令。项目监理机构确认工程变更的一般步骤是：提出工程变更→分析提出的工程变更对项目目标的影响→分析有关的合同条款和会议、通信记录→向建设单位提交变更评估报告（初步确定处理变更所需的费用、时间范围和质量要求）→确认工程变更。

3）工程变更导致合同价款和工期的调整

工程变更应按照施工合同相应条款的约定确定变更的工程价款；影响工期的，工期应相应调整。但由于下列原因引起的变更，施工单位无权要求任何额外或附加的费用，工期不予顺延。

（1）为了便于组织施工而采取的技术措施变更或临时工程变更。

（2）为了施工安全、避免干扰等原因而采取的技术措施变更或临时工程变更。

（3）因施工单位违约、过错或施工单位引起的其他变更。

3．工程变更后合同价款的确定

工程变更后合同价款的确定程序，如图 3-1 所示。

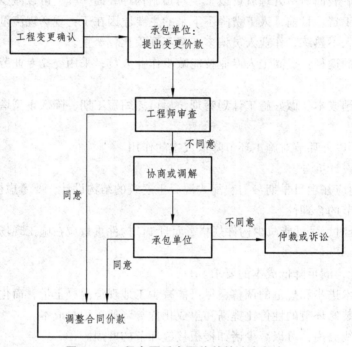

图 3-1　工程变更后合同价款的确定程序

4．竣工结算款审查的内容

经审查核定的工程竣工结算是核定建设工程造价的依据，也是建设项目验收后编制竣工决算和核定新增固定资产价值的依据。

（1）核对合同条款。

（2）根据合同类型，采用不同的审查方法。如：总价合同、单价合同、成本加酬金合同等不同合同类型。

（3）核对递交程序和资料的完备性。

（4）检查隐蔽验收记录。

（5）核实设计变更、现场签证、索赔事项及价款。

（6）核实工程量。

（7）严格执行单价。

（8）注意各项费用计取。

（9）防止各种计算误差。

5．竣工结算款的计算审查

（1）分部分项工程费的计算。

（2）措施项目费的计算。

（3）其他项目费的计算。包括：计日工、暂估价、总承包服务费、索赔事件产生的费用、现场签证发生的费用、暂列金额等。

（4）规费和税金的计算。

（5）单位工程竣工结算汇总内容可按《清单计价规范》表-07编制。见单位工程竣工结算汇总表3-7。

表 3-7　单位工程竣工结算汇总

工程名称：　　　　　　　　　　标段：　　　　　　　　　　第　页共　页

序号	汇总内容	金额/元
1	分部分项工程	
1.1		
1.2		
1.3		
2	措施项目	
2.1	其中：安全文明施工费	
3	其他项目	
3.2	其中：计日工	
3.3	其中：总承包服务费	
3.4	索赔与现场签证	
4	规费	
5	税金	
竣工结算总价合计＝1+2+3+4+5		

注：单位工程也可使用本表划分。

3.5　PC结构安全控制

3.5.1　安全与风险防范

1．PC工程施工安全应执行的标准

1）国家标准《装标》的有关规定

（1）装配式混凝土建筑施工应执行国家、地方、行业和企业标准的安全生产法规和规章制度，落实安全生产责任制。

（2）施工单位应对重大危险源有预见性，建立健全安全管理保障体系，制定安全专项方案，对危险性较大分部分项工程应经专家论证通过后进行施工。

（3）施工单位应对从事预制构件吊装作业及相关人员进行安全培训与交底，识别预制构件进场、卸车、存放、吊装、就位各环节的作业风险，并制定防控措施。

（4）安装作业开始前，应对安装作业区进行围护并做出明显的标识，拉警戒线，根据危险源级别安排进行旁站，严禁与安装作业无关的人员进入。

（5）施工作业使用的专用吊具、吊索、定型工具式支撑、支架等，应进行安全验算，使用中进行定期、不定期检查，确保其安全状态。

2）其他标准的规定

（1）国家标准：《混凝土结构工程施工规范》（GB50666—2011）。

（2）行业标准：《建筑施工高处作业安全技术规范》（JGJ80—2016）；《建筑机械使用安全技术规程》（JC33—2012）；《施工现场临时用电安全技术规范》（JCJ46—2015）。

除以上规定外，还要加强对施工安全生产的科学管理，并推行绿色施工，预防安全事故的发生，保障施工人员的安全健康，提高施工管理水平，实现安全生产管理工作的标准化等。

2．PC 工程施工安全防护的特点和重点

1）PC 工程施工安全防护的特点

与现浇混凝土工程施工相比，PC 工程施工安全的防护特点是：

（1）起重作业频繁。

（2）起重量大幅度增加。

（3）大量的支模作业变为了临时支撑。

（4）在外脚手架上的作业减少。

2）PC 工程施工安全防护的重点

（1）分析重大危险源。国家标准《装标》要求，应根据 PC 工程特点对重大风险源进行分析，并予以公示列出清单，同时《装标》还要求对吊装人员进行安全培训与交底（《装标》10.8.2、10.8.3 条）。

（2）PC 工程施工风险源清单。

① 起重机的架设。

② 吊装吊具的制作。

③ 构件在车上翻转。

④ 构件卸车。

⑤ 构件临时存放场地的倾覆。

⑥ 水平运输工程中的倾覆。

⑦ 构件起吊的过程。

⑧ 吊装就位作业。

⑨ 临时支撑的安装。

⑩ 后浇混凝土支模。

⑪ 后浇混凝土拆模。

⑫ 及时灌浆作业。

⑬ 临时支撑的拆除。

（3）重点防范清单。

① 起重机的安全。

② 吊装架及吊装绳索的安全。

③ 吊装作业过程的安全。

④ 外脚手架上作业时的安全。

⑤ 边缘构件安装作业时的安全。

⑥ 交叉作业时的安全。

3．高处作业和吊装作业安全防范要点

1）高处吊装作业前的安全检查

（1）实施吊装作业的有关人员应对起重吊装机械和吊具进行安全检查确认，确保处于完好状态；所有控制器置于零位。

（2）实施吊装作业的有关人员应对吊装区域内的安全状况进行检查（包括吊装区域的划定、标识、障碍）。吊装现场非作业人员禁止入内。

（3）实施吊装作业的有关人员应在施工现场核实天气情况。室外作业遇到大雪、暴雨、大雾及 6 级以上大风时，不应安排吊装作业。

2）高处吊装作业安全防范要点

（1）装配式混凝土建筑施工应执行国家、地方、行业和企业的安全生产法规和规章制度，落实各级各类人员的安全生产责任制。

（2）安装作业使用专用吊具、吊索等，施工使用的定型工具式支撑、支架等，应进行安全验算，使用中进行定期、不定期检查，确保其安全状态。（《装标》10.8.5 条）

（3）根据《建筑施工高处作业安全技术规范》（JGJ80—2016）的规定，PC 构件吊装人员应穿安全鞋、佩戴安全帽和安全带。在构件吊装过程中有安全隐患或者安全检查事项不合格时应停止高处作业。

（4）吊装过程中摘钩以及其他攀高作业应使用梯子，且梯子的制作质量与材质应符合《建筑施工高处作业安全技术规范》（JGJ80—2016）的规定。

4．PC 工程施工的安全培训

PC 工程施工安全管理规定是施工现场安全管理制度的基础，目的是规范施工现场的安全防护，使其标准化、定型化。每个 PC 工程项目在开工以前以及每天班前会上都要进行安全交底，也就是要进行 PC 工程施工的安全培训，其主要内容如下：

（1）施工现场一般安全规定。

（2）构件堆放场地安全管理。

（3）与受训者有关的作业环节的操作规程。

（4）岗位标准。

（5）设备的使用规定。

（6）机具的使用规定。

（7）劳保护具的使用规定。

3.5.2 施工过程中安全控制措施

1．PC 工程施工主要环节须采取的安全措施

为预防安全事故的发生，PC 工程施工主要环节须提前采取以下安全措施：

（1）构件卸车时按照装车顺序进行，避免车辆失去平衡导致车辆倾斜。

（2）构件储存场、存放地应设置临时固定措施或者采用专用插放支架存放。

（3）斜支撑的地锚在隐蔽工程检查的时候要检查地锚钢筋是否与桁架筋连接在一起。

（4）吊装作业开工前将作业区进行维护并做出标识，拉警戒线，并派专人看管，严禁与安装无关人员进入（《装标》10.8.4 条）。

（5）吊运构件时，构件下方严禁站人，应待构件降至 1m 内方准作业人员靠近。

（6）吊装边缘构件时作业人员要佩戴救生素。

（7）楼梯安装后若使用安装临时防护栏杆。

（8）高空作业应佩戴安全带，且安全钩应固定在指定的安全区域。

（9）高空临边作业时应做好临时防护栏。

2．工程质量事故（缺陷）处理

工程质量事故，是指由于建设、勘察、设计施工监理单位违反工程质量标准，使工程产生结构安全、重要使用功能等方面的质量缺陷，造成人身伤亡或者重大经济损失的事故。

建设部《关于做好房屋建筑和市政基础设施工程质量事故报告和调查处理工作的通知》规定，根据事故造成的伤亡人数和直接经济损失把事故分为 4 个等级：

（1）特别重大事故：造成 30 人以上死亡，1 亿以上的事故。

（2）重大事故：造成 10 人以上 30 人以下死亡，5 000 万以上 1 亿以下直接经济损失的事故。

（3）较大事故：造成 3 人以上 10 人以下死亡，1 000 万以上 5 000 万以下直接经济损失的事故。

（4）一般事故：造成 3 人以下死亡，1 000 万以下直接经济损失的事故。

以上事故均按照事故调查和事故处理的标准程序进行处理。

项目监理机构在施工实施过程中的监理内容：

（1）监督施工单位按照施工组织设计中的安全技术措施和专项施工方案组织施工，及时制止违规施工作业。

（2）定期巡视检查施工过程中的危险性较大工程作业情况。

（3）检查施工现场施工起重机械、整体提升脚手架、模板等自升式架设设施和安全设施的验收手续。

（4）检查施工现场各种安全标志和安全防护措施是否符合强制性标准要求，并检查安全生产费用的使用情况。

（5）督促施工单位进行安全自查工作，并对施工单位自查情况进行抽查，参加建设单位组织的安全生产专项检查。

3．施工实施过程中安全隐患和问题整改的监理办法

（1）出现安全隐患和问题时项目监理机构应填写"监理通知单"，通知承包单位整改，紧急情况可口头通知承包单位立即整改，但必须补发书面通知。

（2）发生下列情况之一，总监理工程师应向施工单位下达局部或全部工程的工程暂停令，待承包单位整改报监理检查同意后再下达复工指令。

① 承包单位无安全施工技术措施或措施存在严重缺陷。

② 承包单位拒绝监理的安全管理，对安全生产整改要求不予整改并擅自继续施工。

③ 施工现场发生了必须停工的安全生产紧急事件。

④ 施工出现重大安全隐患，监理认为有必要停工以消除隐患。

监理下达"工程暂停令"，在正常情况下应事前向建设单位报告，并征得建设单位同意。在紧急情况下，总监理工程师也可先下达"工程暂停令"，此后在 24 小时以内向建设单位报告。

（3）当承包单位接到"监理通知单"或"工程暂停令"后拒不整改或者不停止施工时，项目监理机构应报监理企业并及时向建设行政主管部门提出书面报告。

4．对专项工程或施工作业的安全监理

项目监理机构应审查施工单位报审的专项施工方案，符合要求的，由总监理工程师签认后报建设单位。对达到一定规模的、危险性较大的分部分项工程的专项施工方案，还应检查其是否符合安全验算结果。对涉及深基坑、地下暗挖工程、高大模板工程的专项施工方案，还应检查施工单位组织专家进行论证、审查的情况。

项目监理机构应要求施工单位按照已批准的专项施工方案组织施工。专项施工方案需要调整的，施工单位应按程序重新提交项目监理机构审查。

项目监理机构应巡视检查危险性较大的分部分项工程专项施工方案实施情况。发现未按专项施工方案实施的，应签发监理通知，要求施工单位按照专项施工方案实施。

5．针对性地召开安全生产会议

项目监理机构可针对安全生产及管理存在的问题，召开专题安全生产会议，并做好安全会议纪要工作。

3.6 案例分析

【案例一】

工程施工是使工程设计意图最终实现并形成工程实体的阶段，也是最终形成工程产品质量和工程项目使用价值的重要阶段。因此施工阶段的质量控制不但是施工监理重要的工作内容，也是工程项目质量控制的重点。

问题：

（1）按工程实体质量形成过程的时间可分为哪3个施工阶段的质量控制环节？

（2）施工阶段监理工程师进行质量控制的依据有哪些？

（3）采用新工艺、新材料、新技术的工程，事先应进行试验，并由谁出具技术鉴定书？

【答案】（参考）

（1）施工阶段质量控制的3个环节是：① 施工准备控制；② 施工过程控制；③ 竣工验收控制。

（2）施工阶段监理工程师进行质量控制的依据有：① 工程合同文件；② 设计文件；③ 国家及政府有关部门颁发的有关质量管理方面的法律、法规性文件；④ 有关质量检验与控制的专门技术法规性文件。

（3）采用新工艺、新材料、新技术的工程，应由有权威性技术部门出具技术鉴定书。

【案例二】

某建设单位（甲方）与某施工单位（乙方）订立了某工程项目的施工合同。合同规定：采用单价合同，每一分项工程的工程量增减风险系数为10%，合同工期25天，工期每提前1天奖励3 000元每拖后1天罚款5 000元。乙方在开工前及时提交了施工网络进度计划如图3-2所示，并得到甲方代表的批准。

工程施工中发生如下几项事件：

事件1：因甲方提供的电源出故障造成施工现场停电，使工作A和工作B的工效降低，作业时间分别拖延2天和1天；多用人工8个和10个工日；租赁的工作A的施工机械每天租赁费为560元，工作B的自有机械每天折旧费280元。

事件2：为保证施工质量，乙方在施工中将工作C原设计尺寸扩大，增加工程量16 m³，该工作综合单价为87元/m³，作业时间增加2天。

事件3：因设计变更，工作E工程量由300 m³增至360 m³，该工作原综合单价为65元/m³，经协商调整单价为58元/m³。

事件4：鉴于该工作工期较紧，经甲方代表同意乙方在工作G和工作I作业过程中采取了加快施工的技术组织措施，使这两项工作作业时间均缩短了2天，该两项加快施工的技术组织措施费分别为2 000元、2 500元。

其余各项工作实际作业时间和费用均与原计划相符。

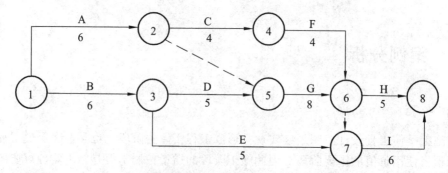

图3-2 某工程施工网络进度计划（单位：天）

问题：

（1）上述哪些事件乙方可以提出工期和费用补偿要求?哪些事件不能提出工作和费用补偿要求？说明其原因。并计算网络计划总工期，并写出关键工作。

（2）每项事件的工期补偿是多少?总工期补偿多少天？

（3）假设人工工日单价为 25 元/工日，应由甲方补偿的人工窝工和降效费 12 元/工日，管理费、利润等不予补偿。试计算甲方应给予乙方的含追加工程款为多少。

【答案】（参考）

（1）答：

事件 1：可以提出工期和费用补偿要求，因为提供可靠电源是甲方的责任。

事件 2：不可以提出工期和费用补偿要求，因为保证工程质量是乙方的责任，其措施费由乙方自行承担。

事件 3：可以提出工期和费用补偿要求，因为设计变更是甲方的责任，且工作 E 的工程量增加了 60 m³，超过了工程量风险系数 10% 的约定。

事件 4：不可以提出工期和费用补偿要求，因为加快施工的技术组织措施费应由乙方承担，因加快施工而工期提前应按工期奖励处理。

总工期 25 天。关键工作：BDGI。

（2）答：

事件 1：工期补偿 1 天，因为工作 B 在关键线路上其作业时间拖延的 1 天影响了工期；但工作 A 不在关键线路上其作业时间拖延的 2 天，没有超过其总时差，不影响工期。

事件 2：工期补偿为 0 天。

事件 3：工期补偿为 0 天，因工作 E 不是关键工作，增加工程量后作业时间增加（360 − 300）m³/300 m³/5 天 = 1 天，不影响工期。

事件 4：工期补偿 0 天。采取加快施工措施后使工期提前按工期提前奖励处理。该工程工期提前 3 天。因工作 G 是关键工作，采取加快施工后工期提前 2 天，工作 I 亦为关键工作，采取加快施工后虽然该工作作业时间缩短 2 天，但受工作 H 时差的约束，工期仅提前 1 天。

总计工期补偿：1 天+0 天+0 天+0 天 = 1 天。

（3）答：

事件 1：人工费补偿：（8+10）工日×12 元/工日 = 216 元

机械费补偿：2 台班×560 元/台班 + 1 台班×280 元/台班 = 1 400 元

事件 3：按原单位结算的工程量：300 m³ ×（1 + 10%）= 330 m³

按新单价结算的工程量：360 m³ – 330 m³ = 30 m³

结算价：330 m³×65 元/m³ + 30 m³×58 元/m³ = 23 190 元

事件 4：工期提前奖励：3 天 × 3 000 元/天 = 9 000 元

合计费用补偿总额为：216 元 + 1 400 元 + 23 190 元 + 9 000 元 = 33 806 元。

【案例三】

某住宅项目的施工单位为了能够春节前完成结构封顶，未经监理人员同意擅自浇捣了顶层混凝土楼板。监理工程师发现后，要求施工单位采取措施确保工程质量。但最终由于该批混凝土存在严重质量问题已经对工程的安全功能产生隐患，必须拆除，重新施工。经估算，直接经济损失将达到 60 万元以上。由于这次质量事故，开发商不得不延误 1 个月的交房期限，并因此将承担由于拖后交房的违约金 126 万元。

问题：

（1）工程质量事故分为哪几类？本工程质量事故直接经济损失为多少？质量事故属于哪一类？

（2）请列出监理工程师处理质量事故的依据。

（3）工程质量事故处理方案有哪几类？

（4）如果建设方向施工方提出索赔，监理工程师应该做些什么工作？

（5）请阐述质量事故处理中监理应做哪些工作。

【答案】（参考）

（1）① 一般质量事故、严重质量事故、重大质量事故、特别重大事故。

② 本工程质量事故直接经济损失 60 万元，超过 10 万元，属于重大质量事故。

（2）① 质量事故的实况资料；② 有关合同及合同文件；③ 有关技术文件、档案和资料；④ 相关的法律法规。

（3）处理方案有 3 类：修补处理、返工处理、不做处理。

（4）① 为开发商的索赔收集证据。

② 协调统一开发商、施工方的索赔意见。

③ 签发索赔报告或决定。

（5）① 事故发生后，总监理工程师签发工程暂停令，要求停止关联部位的下道工序的施工。

② 要求施工单位采取措施防止事故扩大，并保护好现场。

③ 要求施工单位 24 h 内写出书面报告，按事故等级上报对应的主管部门。

④ 协助调查组工作。

⑤ 对调查组的技术处理意见，组织相关单位研究和签认。

⑥ 针对技术处理方案，审核施工单位的施工方案和编制监理实施细则。

⑦ 施工整改完工后，组织各方验收、鉴定，并要求事故单位整理编写事故处理报告。

【案例四】

某土石坝工程项目法人与施工单位签订了工程施工合同，合同中估算工程量为 8 000 m³，单价为 200 元/m³，合同工期为 6 个月，有关付款条款如下：

（1）开工前项目法人应向施工单位支付合同总价 20% 的工程预付款。

（2）项目法人自第一个月起，从施工单位的工程款中，按 5% 的比例扣留保留金。

（3）当累计实际完成工程量不超过估算工程量 10% 时，单价不调整；超过 10% 时，对超过部分进行调价，调价系数为 0.9。

（4）工程预付款从累计工程款达到合同总价的 30% 以上的下一个月起，至合同工期的第 5 个月（包括第 5 个月）平均扣除。

施工单位每月实际完成并经监理单位确认的工程量见表 3-8。

表 3-8　施工单位每月实际完成并经监理单位确认的工程量

月　份	7	8	9	10	11	12
完成工作量	1 200	1 700	1 300	1 900	2 000	800
累计工作量	1 200	2 900	4 200	6 100	8 100	8 900

问题：

（1）合同总价为多少？工程预付款为多少？（计算结果以"万元"为单位，保留到小数点后 2 位，下同）

（2）工程预付款从哪个月开始扣除？每月应扣工程预付款为多少？

（3）12 月底监理单位应签发的付款凭证金额为多少？

【答案】（参考）

（1）合同总价：$200 \times 8\ 000 = 160$（万元）

工程预付款：$160 \times 20\% = 32$（万元）

（2）30% 的合同总价为：$160 \times 30\% = 48$（万元）

第 1 个月实际工程款：$200 \times 200 = 24$（万元）

第 2 个月实际工程款：$200 \times 1\ 700 = 34$（万元）

到第 2 个月工程款累计金额为：58 万元。已经超付 30% 的合同总价。因此，预付款应从第 3 个月（即 9 月份）开始扣。

9 月、10 月、11 月和 12 月每月应扣预付款金额：$32/4 = 8$（万元）

（3）由于实际完成的总工程量为 8 900 m^3，超过工程量清单所列工程量 8 000 m^3 的 10%，即 100 m^3，该部分按照新单价执行，新单价为 $200 \times 0.9 = 180$（元/m^3）

第 12 月工程款：$200 \times (800 - 100) + 180 \times 100 = 15.8$（万元）

第 12 月应扣保留金：$15.8 \times 5\% = 0.79$（万元）

第 12 月应扣工程预付款金额：8 万元

因此，12 月底监理单位应签发的付款凭证金额：$15.8 - 8 - 0.79 = 7.01$（万元）

4 钢结构工程监理

4.1 钢结构概述

装配式钢结构建筑是指按照统一、标准的建筑部品规格将钢构件制作成房屋单元或部件，然后运至施工现场装配就位而生产的建筑。钢结构轻质高强、整体刚性好、变形能力强、节省材料，建造过程可以节能、节水、节地，材料可拆装、可循环回收率达到70%，由于其工业化程度高，可进行机械化程度高的专业化生产，对于宿舍、办公楼、酒店、安置房、高层住宅类型的建筑具有良好的优势，主要体现在以下几个方面：

（1）空间布置灵活、集成化程度高。相比于砖混结构住宅，钢结构住宅开间尺寸较大，并可通过减少柱的截面面积和使用轻质墙板，提高面积使用率，户内有效使用面积提高约6%。墙体多为非承重墙，平面空间布置自由，用户可根据需求进行二次分割和布置而不影响结构的可靠性。此外，经合理设计后，可将室内水电管线、暖通设备以及吊顶融合于墙体和楼板中，实现住宅智能化的综合布线系统，保证室内空间完整。

（2）自重轻、承载力高、抗震性能优越。装配式钢结构住宅的主要承重构件均采用薄壁钢管和轻型热轧型钢，截面受力更加合理，单位质量较轻。同时，墙体和楼面均采用轻质材料，在相同荷载作用下，可减轻建筑结构自重30%，质量是钢筋混凝土住宅的1/2左右。这使得装配式钢结构住宅在地震中承受的地震作用较小，能充分发挥钢材强度高、延性好、塑性变形能力强的特点，提高了住宅的安全可靠性。同时，较轻的质量可以降低基础造价以及运输、安装等费用。

（3）绿色、环保、节能与可持续发展。与传统混凝土结构不同，装配式钢结构住宅在生产、建造过程中不会产生大量的废料污染环境，取而代之的是工厂加工，现场装配，在降低能耗的同时，减少了现场工作量与施工噪声。此外，装配式钢结构住宅改建和拆迁容易，材料的回收和再生利用率高，可实现建筑异地再生，是真正意义上的绿色建筑。

（4）建造周期短、产品质量高。由于装配式钢结构住宅具有工厂预制、现场安装的特点，前期设计和现场的生产手段结合紧密，便于各工种之间协调一致，提高整体效率。通过网络计算机和数控机床结合，保证了高效率和精确度。具有代表性的远大集团30层约1.7万平方米的装配式钢结构建筑，±0.000 m以上仅15天就安装完成。

（5）实现住宅建设的工业化和产业化。装配式钢结构住宅所有部件均可采用工业化生产方式，实现技术集成化，提高住宅的科技含量和使用功能。

（6）综合经济效益高。钢结构承载力高，构件截面小，节省材料；结构自重小，降低了基础处理的难度和费用；装配式钢结构住宅部件工厂流水线生产，减少了人工费用和模板费用等。

我国钢结构建筑发展起步较晚，按照装配化程度由低到高，大致经历了构件层面装配、模块化结构和模块化建筑三个阶段。最初，钢结构采用现场螺栓连接的装配化作业方式适用于构件层面，一定程度上节约了现场施焊的时间。之后出现了轻钢龙骨体系、分层装配体系等基于结构层面的模块化钢结构体系。近年来，我国在模块化钢结构建筑领域进行了大量探索和工程实践，其产品的显著特点是箱式模块单元在工厂完成所有的内部装修，施工现场完成模块连接之后便可快速交付使用，是建筑工业化优势的集中体现。

模块化钢结构建筑在构件层面、结构层面和建筑层面的发展，其本质在于提升建筑预制程度，提高现场的建造效率。针对不同的结构体系，国内外学者进行了大量的创新和实践，提出了不同的节点构造形式，比如端板连接节点、外套管式连接、内套筒组合螺栓连接、柱开窗式端板连接、Z形悬臂段拼接连接、柱座连接节点等，如图 4-1 所示。

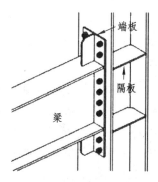

（a）端板连接节点

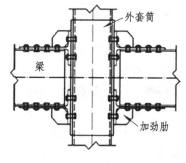

（b）外套管式连接

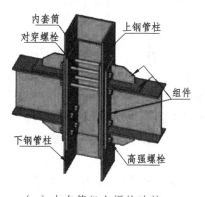

（c）内套筒组合螺栓连接

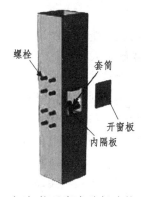

（d）柱开窗式端板连接

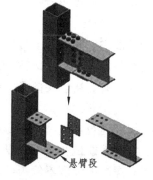

（e）Z形悬臂段拼接节点

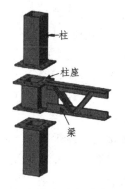

（f）柱座连接节点

图 4-1　构件层面的装配式钢结构梁柱节点

因此，监理人员在装配式钢结构的实际监理过程中，施工的事前和事中控制就显得尤为重要。

4.2　钢结构质量控制

4.2.1　施工前质量检查

监理在装配式钢结构施工准备阶段的主要监理工作为以下几个方面。

1．资质及焊接质量的审查

钢结构工程专业性较强，对专业设备、加工场地、工人素质以及企业自身的施工技术标准、质量保证体系、质量控制及检验制度要求较高，一般多为总包下分包工程，在这种情况下企业资质和管理水平相当重要。因此，资质审查是重要环节，其审查内容主要为：

（1）钢结构制作厂家资质经营范围是否满足工程要求，分包单位资质的审查，主要材料供应商的考察审核。

（2）施工技术标准、质量保证体系、质量控制及检验制度是否满足工程设计技术指标要求。

（3）考察施工企业生产能力是否满足工程进度要求。

（4）主要施工人员的工种有划线下料工、装配工、焊工、测量工、材料保管员、检验员、无损探伤工（超声波探伤）等。审查各工种资格证书；审查焊工合格证书以及有效期限；并应重点审查以下几项：合格证所列材料类别是否符合本工程实际施工的材料类别；焊接方法与焊接位置等是否与本工程实际施工相符；合格证项目是否符合本工程实际施工要求；钢印号码与证书号；合格证的有效期是否超期。审查探伤人员的类别资格等级与本工程实际探伤工作是否相符。

（5）审查焊接工艺评定报告（参照 JB4708—2000 与 JGJ81—91），焊接施工工艺规程，审查施工单位是否按顺序进行焊接工艺评定试验。对首次接触的新材料，在焊接工艺评定试验前应先进行焊接性试验（或称焊接试验），通过试验了解钢材焊接性的好坏，并确定施工时是否需要采取预热措施以及具体预热方法，预热温度及范围等。

（6）对施工单位提交的所有焊接工艺评定报告，通过审查应达到如下目的：确定选择配套焊接材料是否相匹配；确定评定结果是否满足图纸技术条件、产品结构特点，施工条件与工艺等要求；确定焊评项目是否能覆盖本工程焊接施工的所有焊接接头型式、钢材类别、板厚配合以及焊接位置等。

（7）对接接头焊缝焊接工艺评定试验的检验项目有如下内容：外观质量检验与无损探伤检验，其要求参照有关标准以及本工程焊接施工要求；力学性能试验，一般以拉伸试验、冷弯试验（面弯、背弯）为主，拉伸试验的合格标准，接头焊缝的强度不低于母材强度的最低保证值；冷弯试验达到规定角度时，焊缝受拉面上裂纹或缺陷长度不得大于 3.0 mm，如超过 3.0 mm 应补做一件重新评定，冲击试验应符合设计要求；焊接工艺评定试验还应考虑包括现场作业中所遇到的各种焊接位置，当现场或本身结构有妨碍焊接的障碍时，还应做模拟障碍的焊接试验。

2．图纸会审及技术准备

按监理规划中图纸会审程序，在工程开工前熟悉图纸，召集并主持设计、业主、监理和施工单位专业技术人员进行图纸会审，依据设计文件及其相关资料和规范，把施工图中错漏、不合理、不符合规范和国家建设文件规定之处解决在施工前。协调业主、设计和施工单位针对图纸问题，确定具体的处理措施或设计优化。督促施工单位整理会审纪要，最后各方签字盖章后，分发各单位。

3．施工组织设计方案的审批

督促施工单位按施工合同编制专项施工组织设计（方案），经其上级单位批准后，再报监理。经审查后的施工组织设计（方案），如施工中需要变更施工方案（方法）时，必须将变更原因、内容报监理和建设单位审查同意后方可变动。

4．对需要驻厂监造的分项工程进行人员落实

5．监理规划和主要监理细则的编制和交底

6．对钢结构制作、施工单位的安装人员进行技术交底

7．工程材料质量控制

钢结构装配式建筑工程原材料及成品的控制是保证工程质量的关键,也是控制要点之一。所有原材料及成品的品质规格、性能等应符合国家产品标准和设计要求，应全数检查产品质量合格证明文件及检验报告等为主控项目。监理工程师应核查工程中使用的钢材、焊接材料、螺栓、栓钉等材料的外观质量及其质量证明材料。督促施工单位对型钢母材、代表性的焊接试件、螺栓等按建设部《房屋建筑工程和市政基础设施工程实行见证取样和送检的规定》和规范要求进行见证取样、送检，并由试验单位出具有见证取样的合格试验报告。督促施工单位应合理地组织材料供应，满足连续施工需要，加强材料的运输、保管、检查验收等材料管理制度，做好防潮、防露、防污染等保护措施。

钢材应有抗拉强度、屈服强度、延伸率和硫、磷含量和碳含量的合格保证，采用的钢材应附有钢材的质量证明书，品种、规格、性能应符合现行国家产品标准和设计文件要求，化学成分符合要求。钢材表面质量除应符合国家现行有关标准的规定外，尚应符合下列规定：当钢材表面有锈蚀、麻点或划痕等缺陷时，其深度不得大于该钢材厚度负偏差值的1/2；钢材表面锈蚀等级应符合现行国家标准，《涂装前钢材表面锈蚀等级和除锈等级》GB8923 规定的 C 级及 C 级以上。连接材料中的焊条焊剂应有合格的产品质量证书，并符合设计文件和国家标准的要求，药皮不得脱落，焊芯不得生锈，焊剂不得受潮结块。保护气体的纯度应符合工艺要求，当采用二氧化碳气体保护时，二氧化碳纯度不应低于 99.5%，其含水量应小于 0.05%。涂装材料应具有出厂证明书和混合配料说明书，并符合国家现行有关标准和设计要求，涂料色彩按设计要求，必要时要做样板，封存对比。防火涂料的品种和技术性能应符合设计要求，并经过国家检测机构检测符合现行有关标准的规定。防火涂料使用时应抽检粘结强度和抗压强度，并符合国家现行有关标准规定。压型金属板板材的品种、材质、规格、涂

层和外观质量应符合设计和国家现行有关标准规定。压型金属板成型后，其基板不得有裂纹。

材料质量检验方法和控制要点：材料质量检验的方法有书面检验、外观检验、理化检验和无损检验等 4 种。

（1）书面检验：审查材料质量证明书上所列出的牌号、规格、批号、数量等是否与实物及订货合同相符，材料标记应清晰完整。审查质量证明书上所列化学成分，常规力学物理性能等是否符合订货合同规定的标准与设计要求；所采用的连接材料和涂装材料，应具有出厂质量证明书，并应符合设计的要求和国家现行有关规范标准的规定；审查施工单位申报材料试验室的资质等级与试验范围以及所使用的检测设备年检合格证明与设备完好证明。

（2）外观检验：检查钢材（钢板、钢管、型钢、压型钢板等）外形尺寸是否符合相应国家标准的规定要求；对连接材料中的焊条进行外观质量检验，主要有偏心度、耐潮性、药皮强度、弯曲度、裂纹、杂质等是否符合相应的标准要求；检查螺栓的材料标记及外观，不允许有裂纹或损伤等缺陷。

（3）理化检验：对材料进行抽样送检，监理见证取样；化学分析一般按材料相应标准规定的元素进行化学分析检验；力学性能检验，按材料相应标准规定的项目进行强度、塑性、韧性等检验；钢管还应进行压扁试验及硬度检查等；连接材料中的焊条应通过焊接试件来检验其熔敷金属的化学成分、力学性能、扩散 H 含量等是否符合相应标准的有关规定要求；焊条工艺性能（脱渣、飞溅、引弧、焊缝表面成型等）；连接材料中焊丝、焊剂等检验通过焊接试件来检验其熔敷金属的化学成分、力学性能等是否符合相应标准的有关规定要求；螺栓的检验主要通过轴力试验与测定扭矩系数等，其结果应符合相应标准的有关规定要求；钢材、型钢等，主要按炉号、规格等进行化学成分与力学性能等检验，且应满足材料订货技术条件要求；钢管检验主要按炉号、规格等确定检验项目；螺栓、螺母应抽查其材料标记、硬度试验报告，以及出厂合格证等；涂料抽检方法由监理见证取样后送化工部涂料检测中心进行检验。

（4）无损检验：无损检验的方法有超声波、射线探伤、滋粉探伤、声发射、微波等，这些方法均可用于板材、管材、焊缝探伤和焊接质量检验。

8．构件拼装质量控制

（1）督促钢结构生产加工厂家在建筑部品和构件生产前，应根据技术文件要求和生产条件编制专项生产工艺技术方案；必要时对构造复杂的部品或构件进行工艺性试验。

（2）检查钢构件生产厂家是否严格按照设计说明、构件布置图或排板图、安装节点详图和构件加工详图进行生产。

（3）钢结构构件加工应按照下料、切割、组装、焊接、除锈和涂装的工序进行，每道工序宜采用机械化作业。

（4）督促装配式预制楼承板生产厂家的生产必须符合规定：选择预制楼承板时，应对施工阶段的工况进行强度和变形验算；压型金属板应采用成型机加工；成型后基板不应有裂纹；钢筋桁架板应采用专用设备加工；钢筋混凝土预制楼板的加工，应符合现行行业标准 JGJ1《装配式混凝土结构技术规程》的规定。

（5）预制混凝土外墙板生产时，监理应督促厂家必须符合规定：宜水平制作；当室外侧面板带有饰面时，饰面宜朝上放置进行墙体组装；当预埋管线时，管线的种类及定位尺寸应满足预制构件工厂化生产及装配化施工的需求，且管线不宜交叉敷设；当设置门窗时，门窗附框宜在工厂加工完成。

（6）拼装大板生产时，施工单位应符合下列规定：支承骨架的加工与组装、吊装组件的设置、面板的布置和保温层的设置，均应在工厂完成；除不锈钢外，两种不同金属的接触面，应设置防止双金属接触腐蚀的措施。

（7）墙板部品生产时，应制定在线检查的控制方案，明确质量控制点，其应包含下列内容：尺寸允许偏差，包括长度、宽度、厚度、对角线差、表面平整度、边缘直线度和边缘垂直度等；外观缺陷，包括严重缺陷和一般缺陷。

（8）督促厂家对生产过程质量检验的控制应符合规定：首批产品检验：首批加工产品应进行自检、互检和专检；经检验合格并形成检验记录，方可进行批量生产；巡回检验：首批产品检验合格后，应对产品生产的加工工序，特别是重要工序的控制进行巡回检验；完工检验：产品生产加工完成后，应由专业检验人员对生产产品、图纸资料和施工单等按批次进行检查，做好产品检验记录，应对检验中发现的不合格产品做好记录，并增加抽样检测样本的数量或频次；检验人员应严格按照图样工艺技术要求的外观质量和规格尺寸等进行出厂检验，并做好各项检查记录，签署产品合格证后，方可入库，无合格证产品不得入库。

9．构件保护、堆放和运输的质量控制要点

（1）督促施工单位应制定预制品和构件的成品保护、堆放和运输专项方案。其内容应包括运输时间、次序、堆放场地、运输路线、固定要求、堆放支垫及成品保护措施等。对于超高、超宽、形状特殊的大型构件的运输和堆放，应有专门的质量安全保护措施。

（2）运输车辆应满足构件和部品的尺寸及载重等要求。装卸与运输时应符合规定：装卸时应采取保证车体平衡的措施；应采取固定构件并防止构件移动、倾倒、变形等的措施；运输时应采取防止构件和部品损坏的措施；对构件边角部或链索接触处，宜设置保护衬垫。

（3）预制部品和构件堆放应符合规定：堆放场地应平整、坚实，并应有排水措施，预埋吊件应朝上，标识宜朝向堆垛间的通道；构件支垫应坚实，垫块在构件下的位置宜与脱模、吊装时的起吊位置一致；重叠堆放构件时，每层构件间的垫块应上下对齐；堆垛层数应根据构件、垫块的承载力确定，并应根据需要采取防止堆垛倾覆的措施；堆放预应力构件时，应根据构件起拱值的大小和堆放时间采取相应措施。

（4）墙板部品的运输与堆放应符合规定：当采用靠放架堆放或运输构件时，靠放架应具有足够的承载力和刚度，与地面倾斜角度宜大于80°；墙板宜对称靠放且外饰面朝外，构件上部宜采用木垫块隔离，运输时构件应采用固定措施；当采用插放架直立堆放或运输构件时，宜采取直立运输方式，插放架应有足够的承载力和刚度，并应支垫稳固；采用叠层平放的方式堆放或运输构件时，应采取防止构件产生裂缝的措施；施工现场卸载时，应注意轻拿轻放，部品堆放要平坦，高度不宜超过 1.5 m，并做好防雨防潮和防污染的措施。

4.2.2　施工过程中质量检测

1．钢柱安装的监理控制要点

（1）柱基础行线、列线和标高基准点投放完毕。

（2）柱身中心线、标高基准点放线完毕。

（3）柱基础顶面平整、干净；地脚螺栓端正且螺纹完好；杯口式基础的杯底已找平完毕，基础周围回填土低于杯口顶面，基础混凝土强度已满足钢柱吊装的要求。

（4）柱脚垫铁、螺母、垫圈或杯式基础钢柱安装需用的钢楔子已备好。

（5）柱身吊耳已焊完，活动式爬梯和安装屋架、屋面梁、吊车梁使用的操作平台已设好，缆风绳上端已栓好。

2．装配式钢结构主体安装施工的监理控制要点

（1）督促施工单位在钢结构施工过程中可采用焊条电弧焊接、气体保护电弧焊接、埋弧焊接、电渣焊接和栓钉焊接等工艺。

（2）钢结构施工过程的紧固件连接可采用普通螺栓、高强螺栓、铆钉、自攻钉或射钉的连接方式。

（3）钢结构的安装应根据结构特点按照合理顺序进行，并应形成稳固的空间刚度单元，必要时应增加临时支撑结构或临时措施。

（4）钢结构施工中的涂装，应符合下列规定：构件在运输、存放和安装过程中损坏的涂层，以及安装连接部位，应进行现场补漆；构件表面涂装系统应相互兼容；防火涂料应符合设计文件和国家现行有关标准的规定，具有抗冲击能力和粘结强度，不应腐蚀钢材；现场防腐和防火涂装应符合 GB 50755—2012《钢结构工程施工规范》的规定。

（5）钢结构工程测量应符合下列规定：施工阶段的测量包括平面控制、高程控制和细部测量等；施工测量前，应根据设计施工图和钢结构安装要求，编制测量专项方案；钢结构安装前应设置施工控制网。

（6）钢结构施工期间应对结构变形、结构内力、环境量等内容进行过程监测，监测方法、监测内容和检测部位可根据具体情况选定。

（7）督促施工单位预制楼梯安装应符合有关规定：施工前应根据设计要求和有关规定制定施工方案，并进行必要的施工验算。

3．围护部品施工的监理控制要点

（1）围护部品施工安装应在施工安装部位的前道工序完成并验收合格后进行。

（2）遇到雨、雪、大雾天气或者风力大于 5 级时，不应进行吊装作业。

（3）施工安装前应做好施工准备。施工准备应符合下列规定：应按设计要求对进场材料的品种、规格、包装 外观和尺寸进行检查；施工单位应提供施工技术文件，包括建筑主体轴线及标高误差实测记录、围护部品排板图、围护部品安装构造图及相关技术资料、围护部品专项施工方案，需要二次加工的围护部品应在加工区组装完成，并按建筑楼层与轴线编号；复核围护部品安装位置、节点连接构造及临时支撑方案等，与围护部品连接处的楼面、梁面、柱面和地面应清理干净；所有预埋件及连接件等应清理扶直，清除锈蚀；检查复核吊装设备及吊具处于安全操作的状态；围护部品接缝处施工前，应将板缝空腔清理干净和保持干燥，并应按设计要求填塞填充材料。

（4）围护部品的定位放线应符合下列规定：根据控制线结合图纸放线，在底板上弹出水平位置控制线；根据底板上的位置线，将控制线引到钢梁和钢柱上；根据墙体排板图测量放线，并用墨线标出墙体、门窗洞口、管线、配电箱、插座、开关盒、预埋件等位置。

（5）围护部品吊装时应符合下列规定：吊装围护部品时，起吊就位应垂直平稳，吊具绳与水平面夹角不宜小于60°；吊装应采用专用吊装器具，吊装安全溜绳应不少于2根。

（6）施工过程要点控制应包含下列内容：整间板吊装前，应清洁结合面；墙板根部应设置调整接缝厚度和底部标高的垫块，在墙板标高和垂直度调校符合要求后，可将墙板与钢柱、钢梁连接固定；接缝防水施工前应清理板缝空腔，并按设计要求填塞背衬材料密封材料嵌填；双层墙板的安装顺序可根据设计构造确定，内墙宜镶嵌在钢框架内，应按内隔墙板安装方法进行；双层墙板的外层墙板拼缝宜与内侧墙拼缝错开200~300 mm排列。

（7）钢骨架组合墙体施工应符合下列要求：应按放线位置固定上下槽型导轨，固定用射钉（膨胀螺栓）间距不应超过设计要求；竖向龙骨端部应安装在上下槽型导轨内，竖向龙骨应平直，不得扭曲，龙骨间距应符合设计要求；预埋管线应与龙骨固定，空腔内填保温材料应连续、紧密拼接，不得有缝隙，验收合格后方可进行面板安装；面板安装方向和拼缝位置应按设计图纸要求确定，内外侧接缝不应在同一个竖向龙骨上；外墙板缝注胶应饱满、密实、连续、均匀、无气泡，宽度和厚度应符合设计要求和技术标准的规定。

（8）屋面系统的安装应符合下列要求：待支托板安装完毕后且符合设计要求，在支托板上进行主檩条的安装。安装时以檩托处的钢板来调整檩条面标高，使其达到设计要求；次檩条安装紧跟主檩条之后，定位跨调整后次檩连接件全部拧紧，次檩条间如配有拉杆系统，拉杆安装前必须检查螺母质量，必要时进行修整，拉杆的距离通过松紧螺旋耐心调整，达到设计标准。用垂直运输机械把板调至屋面上，吊装时，应将板按安装方向放置屋面，避免钢板在屋面调头。搬运时不要在物体的表面上拖拉钢板，也不要在钢板互相之间拖拉，以免损伤面漆。在安装屋面板以前再一次对檩条进行检查，使其符合安装要求后才能进行屋面板的安装。底层彩色钢板安装时固定采用自攻螺丝固定，固定时应注意板的咬合缝及檩条的垂直度。底层板可一次性安装完毕。上层彩钢板安装时，首先应注意打板的方向，可按照习惯视觉方向铺设，注意在安装屋面板前应在檐口放置好滴水板及泡沫堵头。在安装工程中，现场切割钢板，尽量在地面进行，如不得不在屋面进行时，严禁在其他钢板上进行此项作业。切割时，钢板的正面朝下，切割后钢板上的残余铁屑及飘落在周围铁板上的铁屑必须全部打扫干净，否则铁屑将会生锈，附着在钢板上无法清除，从而影响钢板的美观和使用寿命。在需打封胶的地方，必须严格按要求足量打上封胶，以免造成漏水。安装屋面时，安装人员应保持一定的距离，避免人员集中，确保人身安全。安装完成后屋面应尽量避免人员踩踏，严禁其他工序的人员抬重物在钢板上行走，严禁在已安装的钢板上进行其他作业。工作人员在屋面钢板上行走，需穿不带钉、不带纹底的软鞋。屋面系统的安装应与屋面排水系统结合施工，以保证工程质量和进度。

（9）安装完后应及时做好成品保护。成品保护应符合下列规定：墙板部品的接缝处理应在门框、窗框、管线及设备安装完毕后进行；对已完成抹灰或刮完腻子的墙面，不得再进行任何剔凿；在安装施工过程中和工程验收前，应对墙体采取防护措施，防止污染或损坏，贴好保护膜和标签。

4.2.3 施工后质量验收

1. 结构系统验收

（1）钢结构、组合结构的施工质量要求和验收标准应按现行国家标准《钢结构工程施工质量验收规范》GB 50205、《钢管混凝土工程施工质量验收规范》GB 50628 和《混凝土结构工程施工质量验收规范》GB 50204 的有关规定执行。

（2）钢结构主体工程焊接工程验收应按现行国家标准《钢结构工程施工质量验收规范》GB 50205 的有关规定，在焊前检验、焊中检验和焊后检验基础上按设计文件和现行国家标准《钢结构焊接规范》GB50661 的规定执行。

（3）钢结构主体工程紧固件连接工程应按现行国家标准《钢结构工程施工质量验收规范》GB 50205 规定的质量验收方法和质量验收项目执行，同时尚应符合现行行业标准《钢结构高强度螺栓连接技术规程》JGJ 82 的规定。

（4）钢结构防腐蚀涂装工程应按国家现行标准《钢结构工程施工质量验收规范》GB 50205、《建筑防腐蚀工程施工规范》GB 50212、《建筑防腐蚀工程施工质量验收规范》GB 50224 和《建筑钢结构防腐蚀技术规程》JTJ/T 251 的规定进行验收；金属热喷涂防腐和热镀锌防腐工程，应按现行国家标准《热喷涂金属和其他无机覆盖层锌、铝及其合金》GB/T 9793 和《热喷涂金属件表面预处理通则》GB 11373 等有关规定进行质量验收。

（5）钢结构防火涂料的粘结强度、抗压强度，应符合现行国家标准《钢结构工程施工质量验收规范》GB 50205 的规定，试验方法应符合现行国家标准《建筑构件耐火试验方法》GB/T 9978 的规定；防火板及其他防火包覆材料的厚度应符合现行国家标准《建筑设计防火规范》GB 50016 关于耐火极限的设计要求。

（6）装配式钢结构建筑的楼板及屋面板应按下列标准进行验收：压型钢板组合楼板和钢筋桁架楼承板组合楼板应按现行国家标准《钢结构工程施工质量验收规范》GB 50205 和《混凝土结构工程施工质量验收规范》GB 50204 的有关规定进行验收；预制带肋底板混凝土叠合楼板应按现行行业标准《预制带肋底板混凝土叠合楼板技术规程》JGJ/T 258 的规定进行验收；混凝土叠合楼板应按国家现行标准《混凝土结构工程施工质量验收规范》GB 50204 和《装配式混凝土结构技术规程》JGJ 1 的规定进行验收。

（7）钢楼梯应按现行国家标准《钢结构工程施工质量验收规范》GB 50205 的规定进行验收，预制混凝土楼梯应按国家现行标准《混凝土结构工程施工质量验收规范》GB 50204 和《装配式混凝土结构技术规程》JGJ 1 的规定进行验收。

（8）安装工程可按楼层或施工段等划分为一个或若干个检验批。地下钢结构可按不同地下层划分检验批。钢结构安装检验批应在进场验收和焊接连接、紧固件连接、制作等分项工程验收合格的基础上进行验收。

2．外围护系统验收

（1）外围护系统质量验收应根据工程实际情况检查下列文件和记录：施工图或竣工图、性能试验报告、设计说明及其他设计文件；外围护部品和配套材料的出厂合格证、进场验收记录；施工安装记录；隐蔽工程验收记录；施工过程中重大技术问题的处理文件、工作记录和工程变更记录。

（2）外围护系统应在验收前完成下列性能的试验和测试：抗压性能、层间变形性能、耐撞击性能、耐火极限等实验室检测；连接件材性、锚栓拉拔强度等检测。

（3）外围护系统应根据工程实际情况进行下列现场试验和测试：饰面砖（板）的粘结强度测试；墙板接缝及外门窗安装部位的现场淋水试验；现场隔声测试；现场传热系数测试。

（4）外围护部品应完成下列隐蔽项目的现场验收：预埋件；与主体结构的连接节点；与主体结构之间的封堵构造节点；变形缝及墙面转角处的构造节点；防雷装置；防火构造。

（5）外围护系统的分部分项划分应满足国家现行标准的相关要求，检验批划分应符合下列规定：相同材料、工艺和施工条件的外围护部品每 1 000 m² 应划分为一个检验批，不足 1 000 m² 也应划分为一个检验批；每个检验批每 100 m² 应至少抽查一处，每处不得小于 10 m²；对于异型、多专业综合或有特殊要求的外围护部品，国家现行相关标准未做出规定时，检验批的划分可根据外围护部品的结构、工艺特点及外围护部品的工程规模，由建设单位组织监理单位和施工单位协商确定。

（6）当外围护部品与主体结构采用焊接或螺栓连接时，连接部位验收可按现行国家标准《钢结构工程施工质量验收规范》GB 50205 和《钢结构焊接规范》GB 50661 的规定执行。

（7）外围护系统的保温和隔热工程质量验收应按现行国家标准《建筑节能工程施工质量验收规范》GB 50411 的规定执行。

（8）外围护系统的门窗工程、涂饰工程质量验收应按现行国家标准《建筑装饰装修工程质量验收规范》GB 50210 的规定执行。

（9）幕墙工程质量验收应按现行行业标准《玻璃幕墙工程技术规范》JGJ 102、《金属与石材幕墙工程技术规范》JGJ 133 和《人造板材幕墙工程技术规范》JGJ 336 的规定执行。

（10）屋面工程质量验收应按现行国家标准《屋面工程质量验收规范》GB 50207 的规定执行。

3．设备与管线系统验收

（1）建筑给水排水及采暖工程的施工质量要求和验收标准应按现行国家标准《建筑给水排水及采暖工程施工质量验收规范》GB 50242 的规定执行。

（2）自动喷水灭火系统的施工质量要求和验收标准应按现行国家标准《自动喷水灭火系统施工及验收规范》GB 50261 的规定执行。

（3）消防给水系统及室内消火栓系统的施工质量要求和验收标准应按现行国家标准《消防给水及消火栓系统技术规范》GB 50974 的规定执行。

（4）通风与空调工程的施工质量要求和验收标准应按现行国家标准《通风与空调工程施工质量验收规范》GB 50243 的规定执行。

（5）建筑电气工程的施工质量要求和验收标准应按现行国家标准《建筑电气工程施工质量验收规范》GB 50303 的规定执行。

（6）火灾自动报警系统的施工质量要求和验收标准应按现行国家标准《火灾自动报警系统施工及验收规范》GB 50166 的规定执行。

（7）智能化系统的施工质量要求和验收标准应按现行国家标准《智能建筑工程质量验收规范》GB 50339 的规定执行。

（8）暗敷在轻质墙体、楼板和吊顶中的管线、设备应在验收合格并形成记录后方可隐蔽。

（9）管道穿过钢梁时的开孔位置、尺寸和补强措施，应满足设计图纸要求并应符合现行行业标准《高层民用建筑钢结构技术规程》JGJ 99 的规定。

4．内装饰系统验收

（1）装配式钢结构建筑内装系统工程宜与结构系统工程同步分层分阶段验收。

（2）内装工程验收应符合下列规定：对住宅建筑内装工程应进行分户质量验收、分段竣工验收；对公共建筑内装工程应按照功能区间进行分段质量验收。

（3）装配式内装系统质量验收应符合国家现行标准《建筑装饰装修工程质量验收规范》GB 50210、《建筑轻质条板隔墙技术规程》JGJ/T 157 和《公共建筑吊顶工程技术规程》JGJ 345 等的有关规定。

（4）室内环境的验收应在内装工程完成后进行，并应符合现行国家标准《民用建筑工程室内环境污染控制规范》GB 50325 的有关规定。

5．竣工验收

（1）单位工程质量验收应按现行国家标准《建筑工程施工质量验收统一标准》GB 50300 的规定执行，单位（子单位）工程质量验收合格应符合下列规定：所含分部（子分部）工程的质量均应验收合格；质量控制资料应完整；所含分部工程中有关安全、节能、环境保护和主要使用功能的检验资料应完整；主要使用功能的抽查结果应符合相关专业验收规范的规定；观感质量应符合要求。

（2）竣工验收的步骤可按验前准备、竣工预验收和正式验收三个环节进行。单位工程完工后，施工单位应组织有关人员进行自检。总监理工程师应组织各专业监理工程师对工程质量进行竣工预验收。建设单位收到工程竣工验收报告后，应由建设单位项目负责人组织监理、施工、设计、勘察等单位项目负责人进行单位工程验收。

（3）施工单位应在交付使用前与建设单位签署质量保修书，并提供使用、保养、维护说明书。

（4）建设单位应当在竣工验收合格后，按《建设工程质量管理条例》的规定向备案机关备案，并提供相应的文件。

4.3　钢结构进度控制

4.3.1　施工前进度计划

1．影响工程进度的因素分析

为了对装配式钢结构工程项目的施工进度进行有效的控制，监理工程师必须在施工进度计划实施之前对影响工程项目施工进度的因素进行分析，进而提出保证施工进度计划实施成功的措施，以实现对工程项目施工进度的主动控制。影响工程项目施工进度的因素归纳起来主要有以下几个方面：

（1）业主因素：业主使用要求改变而进行设计变更；应该提供的施工场地不能及时提供或所提供的场地不能满足工程正常需要；不能及时向施工承包单位或材料供应商付款等。

（2）勘察设计因素：勘察资料不准确，地址资料错误或遗漏；设计内容不完善，规范应用不恰当，设计有缺陷或错误；设计中对施工的可能性未考虑或考虑不周；施工图纸供应不及时、不配套或出现重大差错等。

（3）施工技术因素：施工工艺错误；施工方案不合理；施工安全措施不当；应用了不可靠的技术等。

（4）自然环境因素：复杂的工程地质条件；不明的水文气象条件；地下埋藏文物的保护、处理；洪水、地震、台风等不可抗力因素等。

（5）社会环境因素：临时停水、停电、断路；节假日交通、市容整顿的限制；战争、罢工等。

（6）组织管理因素：向有关部门提出各种申请审批手续的延误；合同签订时遗漏条款，表达不当；计划安排不周密，组织协调不力；领导不力，指挥失当等。

（7）材料设备因素：材料、构配件、机具、设备的供应品种、规格、数量、质量差错或供应时间不能满足工程进度的需要；特殊材料及新材料的不合理使用；施工设备不配套，选型失当，安装失误，有故障等。

（8）资金因素：拖欠资金，资金不到位，资金短缺等；汇率浮动和通货膨胀等。

2．进度计划的编制

实现施工阶段进度控制的首要条件是有一个符合客观条件的、合理的施工进度计划，以便根据这个进度计划确定实施方案，安排设计单位的出图进度和装配式构件的制作进度，协调人力、物力，评价在施工过程中气候变化、工作失误、资源变化以及有关方面的人为因素而产生的影响，并且也是进行投资控制、成本分析的依据。

进度计划编制前，应对编制的依据和应考虑的因素进行综合研究，其编制方法如下：

（1）划分施工过程，编制进度计划时，应按照设计图纸、文件和施工顺序把拟建工程的各个施工过程列出，并结合具体的施工方法、施工条件、劳动组织等因素，加以适当整理。

（2）确定施工顺序，在确定施工顺序时，要考虑：各种施工工艺的要求；各种施工方法和施工机械的要求；施工组织合理的要求；确保工程质量的要求；工程所在地区的气候特点和条件；确保安全生产的要求。

（3）计算工程量，工程量计算应根据施工图纸和工程量计算规则进行。

（4）确定劳动力用量和机械台班数量，应根据各分项工程、分部工程的工程量、施工方法和相应的定额，并参考施工单位的实际情况和水平，计算各分项工程、分部工程所需的劳动力用量和机械台班数量。

（5）确定各分项工程、分部工程的施工天数，并安排进度。当有特殊要求时，可根据工期要求，倒排进度；同时在施工技术和施工组织上采取相应的措施，如在可能的情况下，组织立体交叉施工、水平流水施工，增加工作班次，提高混凝土早期强度等。

（6）施工进度图表，施工进度图表是施工项目在时间和空间上的组织形式，目前表达施工进度计划的常用方法有网络图和流水施工水平图（又称横道图）。

（7）进度计划的优化，进度计划初稿编制以后，需再次检查各分部（子分部）工程、分项工程的施工时间和施工顺序安排是否合理，总工期是否满足合同规定的要求，劳动力、材料、施工机械设备需用量是否出现不均衡的现象，主要施工机械设备是否充分利用。经过检查，对不符合要求的部分予以改正和优化。

4.3.2　施工过程中进度控制

1．施工过程中进度计划的实施

装配式钢结构工程施工项目部应将规定的任务与现场实际施工条件和实际施工进度相结合，在实施中不断编制月（旬）作业计划，明确本月（旬）应完成的施工任务、完成计划所需的各种资源量，提高劳动生产率。分项工程作业计划的编制，要保证在不同项目间同时施工的平衡与协调；确定对施工项目进度计划分期实施的方案；施工项目的分解要明确进度要求。在各项目进度计划的基础上进行综合平衡，编制年、季下月旬计划，将施工诸生产要素在项目间动态组合，优化配置。按检查过的各层次计划，以承包合同的形式，分别向构件制作商、材料供应商、承包队和施工班组下达施工进度任务。其中，承包商与构件制作商、材料供应商，项目经理部与各承包队和职能部门，承包队与各作业班组（如安装班、测量班、焊工班等）间应分别签订承包合同。施工调度的主要任务是监督和检查计划实施情况，定期组织调度会，协调各方协作配合关系，消除施工中的各项矛盾，加强薄弱环节，实现动态平衡，保证作业计划及进度控制目标的实现。在装配式钢结构工程实施过程中，各级施工进度计划的执行者都要跟踪做好施工记录，实事求是地记录计划执行中每项工作的开始日期、工作进程和完成日期，为施工进度计划实施的检查、分析、调整、总结提供真实、准确的原始资料。此外，应经常根据所掌握的各种数据资料，对可能致使项目实施结果偏离进度计划的各种干扰因素进行预测，并预先采取措施，使可能出现的偏离尽早地得到调整。

2．施工过程中进度计划的检查

在装配式钢结构工程施工过程中，检查时间与工种类型（如钢构件制作、钢构件安装等）、规模和对进度执行要求程度有关。日常检查为常驻现场管理人员每日进行检查，用施工记录和日志的方法记录下来；定期检查由主承建项目部会同总包、监理及其他有关方面采用召开现场会的方式，定期（月、旬、周）检查工程施工进度。在收集装配式钢结构工程施工实际进度数据时，应按计划控制的工作项目内容进行统计整理，以相同的施工和形象进度，形成与计划进度具有可比性的数据。一般可按实物工程量、工作量、劳动消耗量及它们的累计百分比来整理、统计实际检查的数据，以便与相应的计划完成量相对比。对装配式钢结构工程施工进度检查的结果，要形成控制报告，把检查比较的结果、有关施工进度现状和发展趋势，提供给主承建项目部各级业务职能负责人。进度报告主要包括：项目实施概况；管理概况；进度概要；项目施工进度；形象进度及简要说明；施工图纸提供进度；物资供应进度；钢构件制作进度；劳务记录及预测；业主、总包、设计、监理对装配式钢结构工程施工的变更指令等。进度报告的编写，原则上由计划负责人或进度管理人员负责，项目其他管理人员予以协助。报告时间一般与进度检查时间相协调。

4.4 钢结构成本控制

4.4.1 成本构成及对比分析

1．人工成本

1）人工单价的控制

人工单价沿用的是市场价，人工单价的控制主要通过优化劳动组合来实现。项目部针对项目特点，做出劳动力计划安排，对不同专业、不同工种人员进行合理组合、优化配置来实现。旨在通过人员的优化组合，发挥最大效能，提高劳动生产率，以降低人工成本。

2）项目消耗人工数量的控制

项目消耗人工数量主要是针对项目不同施工阶段的用工需求，通过按计划、分阶段安排劳动力进出场人数来保证。合理编排劳动力进出场计划并实施应用于项目，对控制人工成本至关重要。否则，无论进场人员过多造成的工人窝工，或者进场人员过少造成的工期拖延，都会导致项目成本的增加，影响项目的经济效益。

2．机械成本

1）机械台班消耗量的控制

在钢结构生产制作上，通过采用先进的生产设备，提高制作质量，降低机械台班的消耗量，以提高生产效率，降低成本。在钢结构加工的各个工艺都具有可靠的技术支持及设备能力。板材切割采用数控多头直条切割机，焊接采用门式自动埋弧焊，钢构件除锈采用连续抛丸除锈机，构件细部处理的附属设备采用 H 型钢自动组立机、调直矫正机等，彩板加工制作采用进口数控彩色压型板机。

2）机械成本控制的管理措施

控制机械费用必须以规范的基础管理工作为前提，具体地说，应该做好以下三方面的基础工作。

（1）正确界定机械使用成本，准确进行经济核算。这是管理和控制机械费用的重要环节，统计、计算资料和数据应务求准确真实。

（2）分析原因，采取措施。对机械责任成本的落实和执行情况，应按月份、季度等周期进行核算和分析，查找超出预算的原因，寻求进一步降低和控制成本的措施。

（3）重视设备管理，加强设备维修和规范保养工作，防止片面追求使用效益。

3．材料成本

1）材料用量标准的制定

材料消耗量的制定由项目计划财务组负责。计划财务组根据工艺路线表，计算出原材料消耗定额然后按工艺要求下发给各车间及物资管理组等部门。物资管理组再根据定额数量进行采购。这种从工程技术组取得产品的技术文件，制定产品所需要的各种原材料消耗量（含正常损耗）的做法更准确、合理，符合工艺流程。

2）材料价格标准的制定

材料价格标准的制定由财务处会同物资管理组等部门负责，在保证规格、质量的前提下，通过招标或对同一材料的不同供货渠道的单价、采购费用进行比较，尽量采用较低价格的材料。

4.4.2 施工过程中成市控制措施

1．图纸控制措施

（1）对钢结构所接回的图纸，必须保证是完整的整套图纸，包括：建筑图、结构图、图纸会审纪要和变更。图纸拿到后，由公司总工负责，与技术部、预算部及生产部和工程安装部，先进行图纸二次审核，记录会审纪要，保存技术变更；并组织召开技术交底会议，要做技术交底专题会议纪要。

（2）拆图员在拆图后要对自己所拆图纸进行严格审查，之后再经其他拆图人员互审，在确保无误时提交技术部负责人复审，技术部负责人复核后再交由总工审核，审核后由技术部把图纸提交生产副总审核并批准；图纸批准后，由车间主任按图纸内容以班组形式组织落实，安排生产。

（3）拆图时，拆图员必须标清和注明构件规格、构件编号、单件质量、总质量，要复核材料表的编号、数量、材质等；在标注过程中，杜绝使用复制、粘贴等软件工具，以免造成图纸标注中的"张冠李戴"，导致技术上的错误。

（4）详图拆解、绘制必须做到：图形准确、布局合理、标注清晰、材料数据准确、安装布置方位清楚。

（5）节点详图在设计阶段，就应表示清楚各构件之间的相互连接关系及其构造特点，节点上应标明在整个构件的相关位置，即应标出轴线编号、相关尺寸、主要控制标高、构件编号或截面规格、节点板厚度及加劲肋做法。构件与节点板采用焊接连接时，应标明焊脚尺寸及焊缝符号。构件采用螺栓连接时，应标明螺栓的等级、规格、数量。设计阶段的节点详图具体构造做法必须标注清楚。

（6）绘制一些节点图，主要是相同构件的拼接处，不同构件的连接处，不同结构材料连接处，需要特殊交代清楚的部位。

（7）节点的做法应根据设计者要表达其设计意图来确定，重要的部位或连接较多的部分可扩大范围，以便看清楚其全貌，如屋脊与山墙部分，纵横墙及柱与山墙部位等。

（8）拆图过程中未全面考虑工程中的各个环节，导致漏项，造成补工，费时。技术人员需认真和仔细看图、拆图，做到多自我检查，多审查核实，再经技术员之间互审。

（9）对于设计图中表达不清楚的地方，拆图过程中凡遇到设计图表达不详或有问题的地方，要及时与甲方或设计院沟通、核实、确认，及时解决问题，确认后要有书面的联系函。

2．制作方面措施

加强材料的利用率，降低材料消耗是节能降耗的重要环节，该车间加强主材管理，要求划线班职工认真按图纸要求进行合理排版，做到下料合理，减小余料损耗。该车间严格考核辅材消耗，施工生产中采用消耗定额的方式并将材料消耗与班组工资分配挂钩，积极动员职工从节约一根焊条、一斤焊药、一瓶气等做起，杜绝跑、冒、滴、漏现象的发生，切实把辅材消耗降到最低。同时，在劳保用品发放上，保证按时发放和用品质量。特殊劳保用品，实行以旧换新，确保职工人身安全。车间加强对职工产品质量意识教育，增设专职质量检查员，加强产品质量过程控制，进一步明确三检制，要求职工提高产品质量，杜绝返工损失。

3．质量方面措施

（1）生产上合理分配工作任务和生产组织方式。

（2）要提高产品质量达到公司预定零废品率和 5% 返工率的目标，不仅是质检员的事，更重要的是一线生产员工的责任心和自检，如何调动生产员工的积极性加强责任心，其实就是生产管理人员的责任。首先从制度上说产品合格率高应该给予奖励，反之连续出现错误应该进行处罚。其次在生产分工上注意合理调派，对车间生产也尽量做到定岗定责。

（3）编制"三检卡"，实行"三检卡"制度。 即"自检、复检和专检""三检卡"为各生产工序的检查记录表，由操作工人员自行填写，组长和质检员审核签字，经过 3 道检查工序后各保留 1 份，在构件（零件）上留 1 份，最后由统计员统计每月每人填写的"三检卡"作为工程量结算依据。

（4）同样要加强质检员的选拔和培训，质检工作要抓住要点。质检员工作最重要的是把握好检查尺度，在进度和质量间选好平衡点。构件总体尺寸、牛腿（零件）的位置方向、零件孔（构件孔）孔距、要求探伤的焊缝质量应作为不容放过的检查第一要点，例如焊缝不饱满，有弧坑、咬边或者切割面不平整有齿印等缺陷可作为次要检查点，在第一检查要点满足情况且工期允许情况下再予以严查。

4．构件运输安装方面措施

（1）装车时要合理利用空间，大小构件合理搭配装车，卸车时构件严禁乱堆乱放，避免构件在存放过程中变形。

（2）安装队的选择上，要选专业素质强、技术水平高的队伍，且有专业技术人员的安装队伍。

4.5 钢结构安全控制

4.5.1 安全与风险防范

1．装配式钢结构工程施工特点

（1）装配式钢结构工程的建筑构件主要是通过钢板和型钢加工而成，比较常见的是钢梁、钢柱、钢桁架等，这些建筑构件通过焊接、螺栓或铆钉等连接方式拼装成完整的结构体系。工程涉及的分项较多，而且涉及多种专业，因此施工组织难度大，比如材料的选配，材料的加工精度要求，材料的运输、组装、焊接及施工工序等，任何环节出现问题，整体结构体系就会受到影响甚至造成返工。

（2）装配式钢结构工程施工一般都是"露天式"的作业施工，这种不能有效地进行封闭隔离的施工环境，大大增加了对生产人员、交通车辆、工地设备、施工对象、工地材料的安全管理难度。

（3）装配式钢结构工程的施工现场一般地形都比较复杂，加之施工战线较长，施工项目类型较多，不同施工班组之间的作业衔接相互影响较大，这无疑给安全管理工作在整个施工项目的开展造成了难度。

（4）装配式钢结构工程在施工过程中需要吊车吊装、材料搬运以及高空作业等极易造成起重伤害、高空坠落等事故，因此，如何有效地保证工人的安全，也成为安全管理工作的一个巨大的挑战。

（5）装配式钢结构工程施工焊接是必不可少的，电焊都要用到电，气焊、气割都要用到氧气瓶、乙炔瓶等压力容器，由于受施工场地气候条件变化的影响，稍有疏忽就会酿成大祸。

（6）装配式钢结构工程施工人员素质参差不齐，尤其是雇佣的临时工大都是农民工，普遍文化层次较低，无法很快适应施工场地的环境以及现实的工作条件。特别是对工程的施工特点，他们往往十分陌生，再加之很多工人在上岗前没有专门地进行上岗前的岗位培训以及安全教育，造成了他们对整个工程施工场地危险因素缺乏深刻的了解，安全防范意识十分淡薄，甚至好多工人连最基本的安全知识都没有掌握。正是由于这些问题的存在，造成了在项目实施过程中一旦出现安全事故，他们很难做出正确的应变，进而使自己和他人的人身安全受到威胁。

2．装配式钢结构工程安全事故的风险分析

装配式钢结构工程施工安全主要分为两个部分：其一，钢结构自身的安全性，即钢结构建筑物的质量是否能够完全保证在设计规定年限内安全、可靠地使用，是否能够符合业主在合同内规定的要求，而要想实现这两点，需要设计质量和施工质量同时符合要求，其中一方有所失误，都会造成钢结构质量的问题；其二，人员的安全，尤其是钢结构施工过程中在施工现场的参建各方的生命安全。由此可以看出，钢结构施工安全是一个复杂而多变的系统，它不仅涉及人员、材料、设备、环境等客观因素，而且与施工安全管理、监督等主观条件也息息相关，这些因素之间彼此的相互联系又相互制约，而造成事故原因的主导因素虽然是人、物、环境，但是安全管理却是制约这三者发展的决定因素。

1）人的因素

人的因素包括管理人员、操作工人、事故现场的在场人员等的不安全行为。具体的表现为：允许不符合设计要求的产品进场；安全意识淡薄，对安全警告不加重视；违规风险作业；使用不符合安全要求的工具设备，或者直接用手替代工具作业等等。

2）物的因素

物的因素包含机械、设备、工具、原料、成品、半成品等的不安全状态。它们为事故的发生提供了物质基础，是生产中事故产生的主要隐患和危险源，一旦达到特定条件便很可能导致事故的发生。主要表现形式为：材料、材质质量低下，强度不够、加工精度不满足要求；必要的安全防护措施不到位或者没能起到预期作用；材料、工具零部件等老化或者磨损严重；工作场所有危险物品存放；没有按照要求对物品进行堆放等。

3）环境的因素

这是造成事故产生的直接原因。它又分为生产环境异常和自然环境波动两个部分，生产环境的异常包含温度、湿度、通风、采光、噪声、振动、采光等方面的变化异常，自然环境的波动包括土壤、气象、水文等的恶劣变异。

4）管理的因素

产生事故的直接或者间接原因的存在主要是因为管理上存在失误造成的。管理上存在问题的表现形式主要有：缺乏对现场工作进行相应的检查指导，或者是在检查指导过程中提供错误的指示和安排；施工过程中的组织设计不合理；施工工艺流程、操作方法等存在技术缺陷；各项施工工序对应的安全操作规程、规章等制度没有建立或者是不完善、不健全；安全隐患整改不到位，对预防事故的措施未能有效执行等。

4.5.2　施工过程中安全控制措施

制定科学的施工安全技术措施，全面有效地对施工过程的各环节进行安全管理监控。以工程的施工特点、现场情况、天气状况等为出发点，认真分析和查找施工过程中可能存在的安全隐患以及可能导致事故发生的工作环节，并针对这些可能发生问题的地方，从技术上和管理上做出相应的安全防范措施，从而提前避免或减少各种不安全因素在施工过程中造成的影响，进而达到防范安全事故发生的目标。

（1）落实安全技术交底制度：工程开工前应实行逐级安全技术交底制度，安全员要将工程概况、施工方法、安全技术措施等向项目部全体职工进行详细交底，项目经理要按工程进度定期或不定期地向有关班组进行交叉作业的安全交底，班组长每天要对工人进行施工要求、操作方法、质量要求、作业环境与安全措施等交底，并要做好书面记录，交底人和接受任务负责人必须在安全技术交底卡上签字，各级安全员都要随时检查安全技术措施的落实情况，发现不足之处应及时补充，对违反安全技术施工情况可警告或停工整改。

（2）进入施工现场，要严格遵守安全生产各项相关管理制度。

（3）对于施工现场负责人以及安全检查人员的管理，要积极配合，并服从管理。

（4）进入施工现场前，要按照要求正确佩戴好个人防护用品，尤其是安全帽必须佩戴；在存在有毒、有害气体的作业场所一定要保持空气的流通，并且在此环境工作的施工人员必须按照要求佩戴好防护镜和防毒面罩。

（5）工作态度要端正，要坚守岗位，严禁无端离岗、脱岗；对于符合国家及行业规定范围内的特种作业工种，上岗前必须经过培训取证，上岗时持证上岗。

（6）杜绝酒后上岗，杜绝在禁止烟火的区域吸烟、用火，杜绝随意拆除或者挪动各种安全防护装置以及安全、警告标志。

（7）施工现场的各类用电设施，应由专门的电工负责，其他非电工人员不得擅自乱动。除此之外，类似的其他设备、设施也应指定专门人员负责，非本岗位人员不得擅动。

（8）对于特殊工作环境，如沟槽内施工，为了保证安全，必须同时有两人以上。

（9）施工现场起吊设施下方，严禁有人员行走或逗留，其他施工现场危险地段同样禁止人员随意通过和停留。

（10）对于运行中的机械设备，要时刻注意其工作状态，防止因疏忽而造成机械绞伤或者是被尖锐的物体刺伤的事件发生。

（11）认真学习和遵守本岗位的操作规程，杜绝"三违"发生，作业人员认真履行自己的权利和义务，在自己拒绝违章指挥的同时还应制止他人违章作业。

（12）施工用电安全。在施工现场的电气设备均应当设置恰当的安全防护措施；电气设备的金属外壳的接地或接零保护必须做到位；临时电源和移动电动工具必须设置漏电保护开关且漏电保护开关应工作正常；对于潮湿环境下的用电，应当采用安全电压；电气设备使用时要检查是否设置了有效的安全防护措施，否则禁止使用，另外还应检查电气设备工作场地电气安全标志设置是否醒目；对于电气设备及线路要定期进行检查和维护；施工场地禁止乱拉乱设电线，电线铺设时禁止挂在树上、金属设备、构件和钢脚手架上，同时禁止使用金属丝绑扎电线，如果假设线路需要穿越通道或者马路，应加设保护管理设地下，并且树立相应的警告标志；对于在露天使用的电气设备应做好防雨防水措施；如果电气设备受过水淋，在使用前必须进行绝缘测试，合格后才可继续使用；临时建筑物、工棚内的照明线，需要使用绝缘导线而且导线应当固定在绝缘垫子上；电线过墙时必须套上绝缘保护管；施工现场应设置配电箱，并且应先校验再使用。施工过程中使用的各类插座、插头应当完好无损，且质量应符合国家标准；单相电源的设备应当使用单相三眼插座，而且插座上方应有单独分路熔丝保护；插座的接地线禁止串联；电气设备用的开关箱内不得存放其他物件，并应加锁和由专人负责管理；当电气设备跳闸时应查明原因，故障原因未查明和未排管前严禁盲目合闸；电气设备在施工现场存放应有妥善的防雨和防潮等设施。

（13）焊接作业安全：从事焊接工作的人员必须持有焊工证；在进行焊接作业前，从业人员要按照规定佩戴好劳动防护用品；焊接作业必须严格按照安全操作规程进行；电焊机电源线路应定期进行检查维护；露天使用的电焊机应注意防水防雨，其传动部分还有裸线部分要做好防护，避免工作人员误碰，出现危险；电焊机工作时，外壳带电应立刻停止使用，并对其断电检修；根据要求当电焊机运行温度超过 60 ℃ 时，应立刻中断作业；氧气或乙炔瓶的开启工具应使用防爆工具；运送存放氧气瓶、乙炔气瓶时，应单独运送，并且单独放置在阴凉通风处，杜绝其周围存在易燃气体、油脂及其他易燃物质；氧气瓶与乙炔瓶之间的安全工作距离应大于 5 m，二者与明火作业的安全距离应大于 10m，放置时应当直立；作业完毕或者工作人员离开现场使，应当关闭氧气瓶、乙炔气瓶的阀门，并套上安全帽。

4.6 案例分析

在某装配式钢结构工程中，由一专业监理工程师对钢构件的预拼装工程进行监理，发生了以下事件。

事件一：监理对多层板叠螺栓孔采用试孔器进行检查，检查发现当采用比孔公称直径小1.0 mm 的试孔器检查时每组孔的通过率为 83%，当采用比螺栓公称直径大 0.3 mm 的试孔器检查时每组孔的通过率为 98%。

事件二：监理发现钢构件预拼装用的胎架直接放置于凹凸不平的泥土地面上。

事件三：在胎架上预拼装过程中，监理发现工人对构件进行锤击强行进行安装。

请问在钢构件预拼装的检查过程中，监理工程师发现了哪些不妥之处？

答案：

不妥之处如下：

（1）事件一中，当采用比孔公称直径小 1.0 mm 的试孔器检查时每组孔的通过率应不小于 85%，当采用比螺栓公称直径大 0.3 mm 的试孔器检查时每组孔的通过率应为 100%。

（2）事件二中，钢构件预拼装地面应坚实，胎架强度、刚度必须经设计计算而定。

（3）事件三中，在胎架上预拼装过程中，不允许对钢构件动用火焰、锤击等。

5 轻钢结构工程监理

5.1 轻钢结构概述

装配式轻钢结构尽管是轻钢体结构，但是其承载能力却是非常强大的，从承重能力方面分析包括钢框架的支撑体系、轻钢龙骨体系以及错裂支架体系等，另一方面从轻钢住宅的横截面结构分析又包括焊接形截面、热轧型截面以及圆钢管内灌混凝土等，这种多样化的轻钢结构体系使得别墅的造型能够有更多样化的选择。装配式轻钢结构建筑造型多变，黏结防漏能力强。与砖混结构相比，轻钢建筑造型更加富于轻盈动感，具有更佳的保湿性能，不同质感的墙面材料，可创造出各种建筑风格。与木结构相比，轻钢结构更具有价格优势。轻钢建筑材料大部分为环保型产品，属绿色建筑产品。加之冷弯型钢龙骨较小的尺寸和自重，比传统结构提高了建筑面积利用率，降低了基础费用。更值得一提的是轻钢建筑体系施工工艺简单，工期短。综上，轻钢结构具有强度高、自重轻、抗震性好、施工速度快、工业化程度高等突出优点，在各种形式的厂房、仓库、候车厅、候机楼、展览馆和体育场等建筑工程中广泛应用，并逐步向民用建筑和民宅建设发展，应用前景十分广泛。

5.2 轻钢结构质量控制

5.2.1 施工前质量控制

1．施工单位应该具有良好的施工资质

轻钢结构施工质量贯穿于整个建设过程，在实际施工当中，存在一些施工单位缺少相应的施工资质，违法施工的现象。建设单位具备相应的施工资质是说施工现场应具备经验丰富的监督管理人员、完善的技术标准、质量控制及检验制度、质量管理体系等。

2．工程安全施工的标准

（1）完善进场验收原料以及成品制度。正式将相关工程材料运入施工地前，应该采取严格的审核验收措施，尤其是针对安全及建筑功能方面的材料，还应该额外采取复检措施。只有这样，才能从源头上杜绝质量不达标的现象。

（2）建立施工技术标准监督制度。施工人员要按照各个工序的施工标准进行建设，相关负责人的监查工作应当切实有效，并随时同工程进度保持一致。每一施工环节都应当配合严格的检验，并统筹协调各类工种，进行相互检验。

3．材料进厂的监督及钢材性能复验

（1）所订购的钢板、型材，厂家必须按设计标准完整地提供炉批号、质保书以及提供设计规定的有关试验报告，所用的钢材必须符合有关文件的要求，并具有抗拉强度、伸长率、屈服点与硫、磷及碳含量的检测报告等。钢材表面不得有气泡、结疤、拉裂、裂纹、夹杂和压入的氧化皮。

（2）钢材、型材进厂时，每件表面应有清晰的标记、牌号、炉批号、尺寸、钢厂名称或代号；进出厂、库应严格按 ISO9001：2000 质量体系的要求执行。当对钢材的质量有疑义时，应按国家现行有关标准的规定进行抽样检验。对于检验不合格的钢材，应通知材料采购部门协调封存，隔离处理并及时退厂，严禁使用不合格材料。

（3）在制作和安装过程中，要做好各工序验收工作，合格后才能进行下道工序施工。

（4）制作、安装和质量检查所用的钢尺等计量器具均要具有相同的精度，并定期送计量部门检定。

（5）连接材料（焊条、焊丝、焊剂）、高强度螺栓、普通螺栓以及油漆等均应具有出厂质量证明书，并符合设计要求和国家现行有关标准规定。合格的钢材分类堆放，做好标识。钢材的堆放成形、成方成垛，以便于点数和取用；最底层垫上道木，防止进水锈蚀。焊接材料应按牌号和批号分别存放在干燥的储藏仓库。焊条和焊剂在使用之前按出厂证明上规定进行烘焙和烘干；焊丝应无铁锈及其他污物。材料凭领料单发放，发料时核对材料的品种、规格、牌号是否与领料单一致，并要求质检人员在领料现场签证认可，焊材的品种、规格、性能等应符合现行国家产品标准和设计要求。

（6）施工时需对钢材进行表面预处理，预处理方法采用手工或机械除锈，除锈质量等级要达到设计要求。

（7）涂装材料要具有出厂质量证明书，并符合设计的要求和国家现行有关标准的规定。

4．放样和号料的质量控制

钢结构放样和号料在制作工序中至关重要,它决定零件到构件的结构尺寸和安装的精度。因此，在放样过程中，要求放样者和施工技术人员必须认真做好放样和检查工作，以确保放样尺寸的正确。

要求施工技术人员、质量检查和监控人员，在放样过程中经常深入放样台进行检查、指导和监控工作，并随时处理施工图中存在的技术问题，以保证放样准确、构件连接合理，并与安装尺寸相符。

5．零件加工的质量监控

钢结构零件加工的主要内容有剪切、边缘加工、制孔和弯曲等，其加工技术及质量监控均按《钢结构工程施工质量验收规范》GB 50205 的要求进行。

6．轻钢构件加工制作的质量控制

装配式轻钢结构工程有别于混凝土结构的特点之一在于装配式轻钢结构构件的工厂预制。众所周知，轻钢结构工程对构件的几何尺寸要求较为严格（常精确到 1 mm）。微小的几何偏差都很有可能导致构件现场安装错位或使结构在施工过程中产生较大的初始残余应力。焊接构件的焊接板件若厚度相差较小,误用较厚板件浪费钢材,错用较薄板件又使结构及构件的安全性没有保证,尤其是对钢管构件,外径相同壁厚不同的杆件错用时有发生。因此轻钢结构构件的制作加工必须严格遵循施工图纸给定的板件规格及材料型号,并做到钢构件表面平整,腹板、顶板、底板外形尺寸,坡口切割质量满足相应规范标准,避免剪切钢板和刨削后产生的弯曲变形,避免制作尺寸偏差过大;严格按图纸制作,不得任意修改图纸。控制好构件加工制作的精度,才能控制好结构安装的精度,才能保证安装的顺利进行。正确选取钢材型号,才能使构件达到预期的承载能力。因此轻钢构件的加工制作要求具有相关专业知识的技工和一定资质的钢构件专业生产厂家。

7. 轻钢构件保护、堆放和运输的质量控制

轻钢构件在工厂加工制作完成之后,要经过起吊、运输等工艺运到施工现场。在此过程中要防止吊装、运输和堆放过程中使构件产生变形。运输中因振动、重压、构件支撑点不合理和不小心等因素会使构件变形,对较长的轻钢构件若吊点位置不当、吊点少、吊装方法不正确等也会引起变形,特别是易引起轻钢构件平面外弯曲变形。构件在现场堆放时因场地不平,堆放层数过多,支撑点位置不正确等原因会引起堆放过程中的变形。在构件的运输和吊装过程中要尽量避免上述变形及附加应力的产生,对于影响构件承载能力和安装的变形要及时校正。

5.2.2 施工过程中质量控制

装配式轻钢建筑工厂施工大体上为钢柱安装前准备→柱脚测量复核→构件进场→钢柱安装→杯口基础二次灌浆→钢梁安装→屋面檩条、支撑、系杆、拉条安装。

1. 基础工程的质量控制

(1)安装前应对基础轴线和标高、预埋螺栓位置、预埋件与混凝土粘贴性进行检查、检测和办理交接手续,其基础混凝土强度应达到设计强度的80%以上,基础的轴线标志和标高基准点准确、齐全。

(2)对超出规定偏差预埋螺栓,在吊装之前应设法消除,构件制作允许偏差应符合规范要求。

(3)检测所需的吊具、吊索、钢丝绳、电焊机及劳保用品,为调整构件的标高准备好各种规格的垫片、钢楔。

(4)绑扎方法:钢柱采用一点绑扎,钢梁采用二点绑扎,绑扎点应在柱重心的上方和钢梁两端,要采取防止吊索滑动措施。绑扎吊点处柱子的悬出部位如翼缘板等,需用硬木支撑,以防变形,棱角必须用胶皮、短方木将吊索与构件棱角隔开,以免损坏棱角。

(5)柱安装前须将钢柱的定位方式标出,并将钢柱表面的油污、泥土清除干净。

(6)安装时,以钢柱设计标高为依据,按钢柱的实际尺寸和柱基顶面实际标高进行调整。

(7)钢柱起吊后,当柱脚距地脚螺栓 30～40 cm 时扶正,使柱脚的安装螺栓孔对准螺栓,缓慢落钩,同时将钢柱的定位线与柱基基础的定位线对齐,经过初步校正,待垂直偏差在

20mm 以内，将构件临时固定，即可脱钩。

（8）钢柱校正：垂直度用经纬仪和吊线坠检验，标高及垂直度校正通过调整柱底螺母实现。

（9）柱脚校正后立即紧固地脚螺栓，并将垫板电焊固定，防止蹿动。

（10）钢柱校正固定后，随即将柱间水平、垂直支撑安装上，并固定，使成稳定体系。

2．钢柱安装的质量控制

（1）钢柱安装的要求是保证平面与高程位置符合设计要求，钢柱垂直。

（2）钢柱吊装要掌握如下要求：基础面设计标高加上钢柱底到牛腿面的高度，应等于牛腿面的设计标高。首先，根据基础面上的标高点修整基础面，再根据基础面设计标高与柱底到牛腿面的高度算出垫板厚度。安放垫板要用水平仪配合抄平，使其符合设计标高。

（3）钢柱在基础上就位以后，应使钢柱身中线与基础面上的中线对齐。钢柱立稳后，即应观测 ±0.000 点标高是否符合设计要求，其允许误差应满足规范表的要求。

（4）钢柱垂直校正测量用两架经纬仪安置在纵横轴线上，离钢柱的距离约为钢柱高的 1.5 倍，先照准柱底中线，再渐渐仰视到柱顶，如中线偏离视线，表示钢柱不垂直，可指挥调节拉绳或支撑，敲打梆子等方法使钢柱垂直。经校正后，钢柱身的中线与轴线偏差不得大于 5 mm。钢柱垂直度容许误差，按规范的规定，钢柱高 10 m 以上时，其最大误差不得大于 20 mm。

3．高强螺栓连接的质量控制

（1）每道接口，先用定位销临时固定，等构件调正后更换高强螺栓，高强螺栓应自由穿入，不得强行敲入，不得用气割扩孔，穿入方向应一致，应注意垫圈使用方向。

（2）高强螺栓应按一定顺序施拧，由螺栓群中央顺序向外拧紧，每到接口应在当天终拧完毕。

（3）安装高强螺栓时，摩擦面应保持干燥清洁不得在雨中作业。

（4）拧紧采用扭矩法施拧，分为初拧和终拧完成，初拧扭矩为终拧扭矩的 50%。

（5）高强螺栓施拧采用的电动扭矩扳手，检查采用的手动扭矩扳手，在每班作业前，均应进行校正，其扭矩误差应分别为使用扭矩的 ±3% 和 ±5%。

（6）高强螺栓扭矩检查应在终拧 1 h 后，24 h 以内完成。扭矩检查时，应将螺母退回 30°～50°，再拧至原来测定扭矩，该扭矩与检查扭矩的偏差应在检查扭矩的 ±10% 以内。

4．钢梁吊装的质量控制

钢梁采取高空旋转法吊装，当钢梁平稳地落在柱头设计位置上时使钢梁端部中心线与柱头中心线对准。安装第一榀钢梁就位并初步校正垂直度后，应在两侧设置八字形钢丝缆风绳临时固定。

（1）钢梁吊装前，须对柱子横向进行复测和复校。

（2）钢梁吊装就位时，首先用角向打磨机除去连接面表面的浮锈，打磨方向要与构件受力方向垂直。钢梁组装前应向甲方或监理报验后，方可进行组装，组装时应使该钢梁的螺栓孔和钢柱相应的螺栓孔对齐、校正然后用高强螺栓连接固定。钢梁的跨中垂直度允许偏差为 5 mm。

（3）钢梁的吊点选择，除应保证钢梁的平面刚度外，尚须考虑：钢梁的重心位于内吊点的连线之下，否则应采取防止钢梁倾倒的措施(即在钢梁屋脊处多增加一个保险吊点和吊索)。对外吊点的选择应使钢梁下翼缘处于受拉状态。

5．钢梁组装、梁柱安装的高强螺栓连接

（1）高强螺栓连接在施工前应对连接副实物和摩擦面进行检验和复验，合格后才能安装施工。

（2）高强度螺栓连接处摩擦面若采用生锈处理方法，安装前应用砂轮打磨机除去摩擦面上的浮锈。

（3）一个连接接头，应先用临时螺栓或冲钉定位，为防止损伤螺纹引起扭矩系数的变化，严禁把高强度螺栓作为临时螺栓使用。

6．钢支撑安装的质量监控

屋面系统安装工艺流程：准备工作—屋面钢梁安装找正—屋面檩条、支撑、系杆、拉条安装固定—龙骨及天沟安装—雨水口安装固定。柱间支撑安装前，复核和复校钢柱的垂直度，待达到验收标准后，随即安装和固定柱间支撑，使其形成刚性排架，减少竖向构件安装过程中间的累计误差。刚架的水平支撑安装一般采取整体安装方法，如发现螺孔有错位现象，一般处理支撑系统，并应观察刚架的垂直度情况的变化。

7．焊接质量要求及常见焊接缺陷的预防

按照焊接技术规范及本工程图示技术要求对本工程中的焊接质量和焊接缺陷预防办法做如下规定：焊接质量要求：A.缝表面不得有气孔、夹渣、焊瘤、弧坑、未焊透、裂纹、严重飞溅物等缺陷存在。B.对接平焊缝不得有咬边情况存在，其他位置的焊缝咬边深度不得超过 0.5 mm，长度不得超过焊缝全长的 10%。C.各角焊缝焊角尺寸不应低于图纸规定的要求，不允许存在明显的焊缝脱节和漏焊情况。D.焊缝的余高（焊缝增强量）应控制在 0.5~3 mm，焊缝（指同一条）的宽窄差不得大于 4 mm，焊缝表面覆盖量宽度应控制在大于坡口宽度 4~7 mm 范围内。E.对多层焊接的焊缝，必须连续进行施焊，每一层焊道焊完后应及时清理，发现缺陷必须清除后再焊。F.开坡口多层焊第一层及非平焊位置应采用较小焊条直径。G.各焊缝焊完后应认真做好清除工作，检查焊缝缺陷不合格的焊缝应及时返工。

8．轻钢结构防腐的质量监控

1）除锈质量等级

工程采用的除锈等级为 Sa2.5。钢材表面的除锈质量等级与除锈方法有关。除锈方法包括喷砂或抛丸除锈（用 Sa 表示）、手工或动力工具除锈（用 St 表示）、火焰除锈（用 F1 表示）。按国家标准《涂装前钢材表面锈蚀等级和除锈等级》GB8923—88 规定除锈质量等级。

2）除锈方法

工程采用喷砂除锈的方式进行除锈。喷砂除锈是用压缩空气为动力，带动磨料通过专用的喷嘴，高速喷射到金属表面，用冲击力和摩擦方式来达到除锈的目的。

5.2.3 施工后质量验收

1. 钢结构焊接工程验收

在焊接过程中、焊缝冷却过程及以后的相当长的一段时间可能产生裂纹。普通碳素钢产生延迟裂纹的可能性很小，因此规定在焊缝冷却到环境温度后即可进行外观检查。低合金结构钢焊缝的延迟时间较长，考虑到工厂存放条件、现场安装进度、工序衔接的限制以及随着时间延长，产生延迟裂纹的概率逐渐减小等因素，以焊接完成24 h后外观检查的结果作为验收的论据。

（1）焊工必须经考试合格并取得合格证书。持证焊工必须在其考试合格项目及其认可范围内施焊。

（2）设计要求全焊透的一、二级焊缝应采用超声波探伤进行内部缺陷的检验，超声波探伤不能对缺陷做出判断时，应采用射线探伤，其内部缺陷分级及探伤方法应符合现行国家标准的规定。

（3）施工单位对其采用的焊钉和钢材焊接应进行焊接工艺评定，其结果应符合设计要求和国家现行有关标准的规定。瓷环应按其产品说明书进行烘焙。由于钢材的成分和焊钉的焊接质量有直接影响，因此必须按实际施工采用的钢材与焊钉匹配进行焊接工艺评定试验。瓷环在受潮或产品要求烘干时应按要求进行烘干，以保证焊接接头的质量。

（4）焊钉焊后弯曲检验可用打弯的方法进行。焊钉可采用专用的栓钉焊接或其他电弧焊方法进行焊接。不同的焊接方法接头的外观质量要求不同。本条规定是针对采用专用的栓钉焊机所焊接头的外观质量要求。对采用其他电弧焊所焊的焊钉接头，可按角焊缝的外观质量和外形尺寸要求进行检查。

2. 紧固件连接工程验收

适用于钢结构制作和安装中的普通螺栓、扭剪型高强度螺栓、高强度大六角头螺栓、钢网架螺栓球节点用高强度螺栓及射击钉、自攻钉、拉铆钉等连接工程的质量验收。紧固件连接工程可按相应的钢结构制作或安装工程检验批的划分原则划分为一个或若干个检验批。

（1）普通螺栓作为永久性连接螺栓时，当设计有要求或对其质量有疑义时，应进行螺栓实物最小拉力载荷复验，试验方法及其结果应符合现行国家标准的规定。

（2）连接薄钢板采用的自攻螺、拉铆钉、射钉等其规格尺寸应与连接钢板相匹配，其间距、边距等应符合设计要求。

（3）钢结构制作和安装单位应按规范规定分别进行高强度螺栓连接摩擦面的抗滑移系数试验和复验，现场处理的构件摩擦应单独进行摩擦面抗滑移系数试验，其结果应符合设计要求。

（4）高强度螺栓连接摩擦面应保持干燥、整洁，不应有飞边、毛刺、焊接飞溅物、焊疤、氧气铁皮、污垢等，除设计要求外摩擦面不应涂漆。

3. 钢构件组装工程验收

适用于钢结构制作中心构件组装的质量验收。钢构件组装工程可按钢结构制作工程检验批的划分原则划分为一个或若干个检验批。

（1）吊车梁和吊车桁架不应下挠。起拱度或不下挠度均指吊车梁安装就位后的状况，因此吊车梁在工厂制作完后，要检验其起拱度或下挠与否，应与安装就位的支承状况基本相同，即将吊车梁立放并在支承点处将梁垫高一点，以便检测或消除梁自重对拱度或挠度的影响。

（2）根据多年工程实践，综合考虑钢结构工程施工中钢构件部分外形尺寸的质量指标，将对工程质量决定性影响的指标，如"单层柱、梁、桁架受力支托（支承面）表面至第一个安装孔距离"等作为主控项目，其余指标作为一般项目。

（3）由于受运输、起吊等条件限制，构件为了检验其制作的整体性，由设计规定或合同要求在出厂前进行工厂拼装。预拼装均在工厂支凳（平台）进行，因此对所用的支承凳或平台应测量找平，且预拼装时不应使用大锤锤击，检查时应拆除全部临时固定和拉紧装置。

（4）分段构件预拼装或构件的总体预拼装，如为螺栓连接，在预拼装时，所有节点连接板均应装上，除检查各部尺寸外，还应采用试孔器检查板叠孔的通过率。

4．钢结构涂装工程验收

适用于钢结构的防腐涂料（油漆类）涂装和防火涂料涂装工程的施工质量验收。钢结构涂装工程可按钢结构制作或钢结构安装工程检验批的划分原则划分成一个或若干个检验批。

（1）钢结构普通涂料涂装工程应在钢结构构件组装、预拼装或钢结构安装工程检验的施工质量验收合格后进行。钢结构防火涂料涂装工程应在钢结构安装工程检验批和钢结构普通涂料涂装检验批的施工质量验收合格后进行。

（2）漆装时的环境温度和相对湿度应符合涂料产品说明书的要求，当产品说明书无要求时，环境温度宜在 5～38 ℃，相对湿度不应大于 85%。漆装时构件表面不应有结露；漆装后 4 h 内应保护免受雨淋。

（3）涂装前钢材表面除锈应符合设计要求和国家现行有关标准和规定。处理后的钢材表面不应有焊渣、焊疤、灰尘、油污、水和毛刺等。当设计无要求时，钢材表面除锈等级应符合规范的规定。

（4）漆料、涂装遍数、涂层厚度均应符合设计要求。当设计对涂层厚度无要求时，涂层干漆膜总厚度：室外应为 15 μm，室内应为 125 μm，其允许偏差 − 25 μm，每遍涂层干漆膜厚度的允许偏差 − 5 μm。

（5）薄涂型防火涂料的涂层厚度应符合有关耐火极限的设计要求。厚漆型防火涂料涂层的厚度，80% 及以上面积应符合有关耐火极限的设计要求，且最薄处厚度不应低于设计要求的 85%。

5.3 轻钢结构进度控制

5.3.1 进度控制的方法

1．进度的事前控制

进度的事前控制，即为工期控制，主要工作内容有：

（1）审批项目实施总进度计划。

监理工程师审批承包单位编制的总进度计划。

（2）审核承包单位提交的施工进度计划。

审核是否符合总工期控制目标的要求，审核施工进度计划与施工方案的协调性和合理性等。

（3）审核承包单位提交的施工方案。

申报保证工期，充分利用时间的技术组织措施的可行性、合理性。

（4）审核承包单位提交的施工总平面图。

审核施工总平面图与施工方案、施工进度计划的协调性和合理性。

（5）制定由建设单位供应材料、设备的需用量及供应时间参数，编制有关材料、设备部分的采供计划。

2．进度的事中控制

（1）建立反映工程进度的监理日志。

逐日如实记载每日形象部位及完成的实物工程量。同时，如实记载影响工程进度的内、外、人为和自然的各种因素。暴雨、大风、现场停水、现场停电等应注明起止时间（小时、分）。

（2）工程进度的检查。

审核承包单位每月、周提交的工程进度报告，审核的要点：计划进度与实际进度的差异；形象进度、实物工程量与工作量指标完成情况的一致性；按合同要求，及时进行工程量计量验收；有关进度、计量方面的签证，该签证是支付工程进度款、计算索赔、延长工期的重要依据；工程进度的动态管理，实际进度与计划进度发生差异时，分析产生的原因，并提出进度调整的措施和方案，并相应调整施工进度计划、材料设备、资金等进度计划，必要时调整工时目标。

（3）需要时组织现场协调会。

现场协调会职能：a.协调总包不能解决影响进度的内、外关系问题；b.上次协调会执行结果的检查；c.现场有关重大事宜。

（4）在监理月报中向建设单位报告有关工程进度和所采取进度控制措施的执行情况，并提出合理预防由建设单位原因导致的工期及其相关费用索赔的建议。

3．进度的事后控制

当实际进度与滞后于计划进度时，专业监理工程师书面通知承包单位，在分析原因的基础上采取纠偏措施，并监督实施。

（1）制定保证总工期不突破的对策措施：a.技术上，如缩短工艺时间、减少技术间歇期、实行平行流水立体交叉作业等；b.组织上，如增加作业对数、增加工作人数、工作班次等；c.经济上，如实行包干自己、提高计件单价、资金水平等；d.其他配套措施，如改善外部配合条件、改善劳动条件、实施强有力调度等。

（2）制定总工期突破后的补救措施。

（3）调整相应的施工计划、材料设备、资金供应计划等。

5.3.2 进度控制的措施

1．进度控制的组织措施

（1）落实进度控制的责任，由总监理工程师（或总监代表）负责工程进度的调整控制，解决进度控制的重大问题，并指定一个监理工程师做进度控制的具体工作。

（2）进度监理工程师根据建设工期总目标要求，编制监理项目的控制进度和各阶段的控制工期，实行项目分解，并审查施工承包单位的单项工程施工进度计划与年、季、月的施工计划，并将结果报总监理工程师和建设单位。

（3）总监理工程师负责工程进度款签署。

2．进度控制的技术措施

（1）在施工进行阶段监理工程师应认真审核施工进度计划与施工方案的协调性和合理性，审核施工方案能否保证工期，保证"全天候"施工的技术组织措施的可行性、合理性，审核施工总平面图与施工进度计划的协调性，审核材料、设备的采、供计划的用量和时间参数。

（2）审核承包单位每月提交的工程进度报告，检查计划进度与实际进度的差异，当实际进度与计划进度发生差异时，应提出调整措施和方案，技术上采取缩短工艺时间，减少技术间歇，实行平行立体交叉作业，配合相应的组织经济补救措施。

3．进度控制的经济措施和合同措施

按合同要求及时协调有关各承包单位的进度，以确保项目的形象进度要求，确保合同工期的实现，执行对工期提前或托后者的奖罚制度。

5.4　轻钢结构成本控制

5.4.1　成市控制方法

1．成本事前控制

成本事前控制，监理机构依据施工合同有关条款、施工图，对工程项目造价目标进行工程风险预测，并采取相应的防范性对策，尽量减少承包单位提出索赔的可能。

（1）熟悉设计图纸、设计要求，标底标书，分析合同价构成因素，明确工程费用最易突破的部分和环节，从而明确成本控制的重点。

（2）预测工程风险及可能发生索赔的诱因，制定防范对策，减少向建设单位索赔的发生。

（3）按合同规定的条件，如期提交施工现场，使其能如期开工、正常施工、连续施工，避免违约造成索赔条件。

（4）按合同要求，按期供应由建设单位负责的材料、设备到现场，避免违约造成索赔条件。

（5）按合同要求，及时提供设计图纸等技术资料，避免违约造成索赔条件。

2．成本事中控制

（1）按合同规定，及时答复承包单位提出的问题及配合要求，避免造成违约和对方索赔的条件。

（2）施工中协调好设计、材料、设备、土建、安装及其他外部相关部门关系，避免造成对方索赔的条件。

（3）监理工程师应协助建设单位确定变更工程变更价款。

（4）按合同规定，及时对已完工程量进行计量。

（5）监督承包单位按合同规定，及时申报工程量，监理工程师及时审批进度款，避免延误工期违约造成索赔。

（6）完善价格信息制度，及时掌握国家调价的范围和幅度。

（7）每月定期向建设单位报告工程投资动态情况。

（8）定期地进行工程费用超支分析，并提出控制工程费用突破的方案和措施。

3．成本事后控制

（1）审核承包单位提交的工程结算书。

（2）公正处理承包单位提出的索赔，其处理程序如图5-1所示。

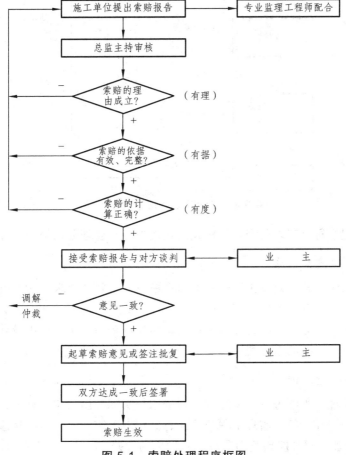

图 5-1　索赔处理程序框图

5.4.2 成本控制措施

1．成本控制的组织措施

建立健全建立组织，完善职责分工及有关制度，落实投资控制的责任。

（1）由驻现场监理工程师通过工程计量支付来控制合同价款，工程承包方按约定的时间向监理工程师提交已完工工程报告。监理工程师核实已完工工程数量，并由承包方、监理工程师共同参与计量。承包方无正当理由不参与计量，由监理工程师自行进行，计量仍然有效，作为工程价款支付依据。

（2）由驻现场监理工程师核实签字后，须经总监理工程师审核签字，才能作为有效的凭证，其管理流程如图 5-2 所示。

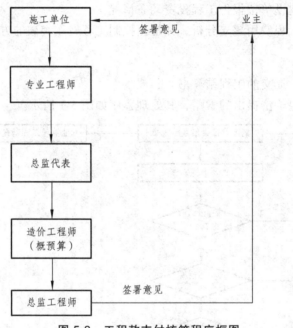

图 5-2　工程款支付核签程序框图

（3）项目监理组每月应以监理月报格式向建设单位和监理公司报告工程投资情况。

2．成本控制的技术措施

（1）材料设供应阶段，监理工程师根据建设单位对材料的要求，做好价格咨询工作，帮助业主选择材料品种，合理确定生产供应厂家。

（2）施工阶段，监理工程师督促施工单位采用先进合理的施工组织设计和施工方案，合理编排工期，避免不必要的赶工费用。

3．成本控制的经济措施

（1）驻现场监理工程师每月定期进行计划费用与实际费用的比较分析，并提出控制工程费用突破的方案和措施。经总监理工程师（或总监代表）审查签字后，报建设单位。

（2）驻现场监理工程师应预测和防范可能发生的索赔，及时向建设单位可能发生的索赔，并制定对策，减少向建设单位索赔的发生。

4．成本控制的合同措施

（1）监理方应协助建设单位如期向承包方提供施工现场，如期、保质、保量供应由建设单位负责的材料、设备，及时提供设计图纸等技术资料，不违约，不造成索赔条件。

（2）监理方应按合同条款经审核支付工程款，但防止过早、过量的支付现金。

5.5 轻钢结构安全控制

5.5.1 制定安全管理计划

（1）安全管理计划应包括下列内容：

① 确定项目终于危险源，制定项目职业健康安全管理目标。

② 监理有管理层次的项目安全管理组织机构并明确职责。

③ 根据项目特点，进行职业健康安全方面的资源配置。

④ 监理具有针对性的安全生产管理制度和职工安全教育培训制度。

⑤ 针对项目重要危险源，制定相应的安全技术措施，对达到一定规模的危险性较大的分部（分项）工程和特殊工种的作业，应制定专项安全技术措施的编制计划。

（2）施工单位应对从事预制构件吊装作业及相关人员进行安全培训与交底，明确预制构件进场、卸车、存放、吊装、就位各环节的作业风险，并制订防止危险情况的处理措施。

（3）预制构件卸车时，应按照规定的卸载顺序进行，确保车辆平稳，避免由于卸车顺序不合理导致车辆倾覆。

（4）预制构件卸车后，应将构件按编号或按使用顺序，合理有序地存放于构件存放场地，并应设置临时固定措施或采用专用插放支架存放，避免构件失稳造成倾覆；水平构件吊点进场时必须进行明显标识；构件吊装和翻身扶直时的吊点必须符合设计规定，对于异性构件或无设计规定时，应经计算确定并保证使构件起吊平稳。

（5）安装作业开始前，应对安装作业区进行围护并做出明显的标识，拉警戒线，并派专人看管，严禁与安装作业无关的人员进入。

（6）已安装好的结构构件，未经有关设计和技术部门批准，不得用作受力支承点和在构件上随意凿洞开孔，不得在其上堆放超过设计荷载的施工荷载。

（7）对起吊物进行移动、吊升、停止、安装时的全过程应用旗语或者通过手势信号进行指挥。信号不明不得启动，上下相互协调联系应采用对讲机。

（8）吊机吊装区域内，非作业人员严禁进入。吊运预制构件时，构件下方严禁站人，应待预制构件降落至距地面1 m以内方准作业人员靠近，就位固定后方可脱钩。

（9）遇到雨、雪、雾天气，或者风力大于5级时，不得进行吊装作业，事后应及时清理冰雪并应采取防滑和防漏电措施。雨雪过后作业前，应先试吊，确认制动器灵敏可靠后方可进行作业。

5.5.2 建立健全安全管理体系

（1）监理机构建立可靠的安全管理的组织保证体系，树立全员、全面、全过程的管理思想，把安全控制引入正常的监理工作中去。为此，工程监理中须成立安全控制监理小组，总监兼任组长，总监代表为副组长，其余监理工程师、监理员为组员，层层落实。

（2）审查承包单位施工组织设计对文明施工与安全控制措施编制情况，督促承包单位建立健全安全控制的岗位责任制，检查组织措施、技术措施具体落实情况，定期检查考评。

5.5.3 落实安全管理各项措施

（1）建立安全责任制，制定安全生产指标，加强各级安全教育，完善施工组织设计中的安全措施，分部（分项）工程均应有书面、口头和技术交底，工人均应经安全培训，特殊工种需持上岗证。

（2）坚持不定期安全检查制度和监理班前安全活动，并做好记录；对工伤事故做好调查分析，做出报告，建立档案；按要求在现场设置安全标语和安全色标；大型构件、材料按需要堆放整齐，施工道路畅通。

（3）"三保""四口"防护，即：安全帽、安全网、安全带的佩戴设置要严格；楼梯口、电梯口、预留洞、坑井、通道口、阳台、楼板、屋面的临边防护必须按规定设置护门、护栏、防护盖板、防护棚及临边防护。

（4）脚手架的搭设材料的材质和绑扎方法必须符合要求，立杆基础、防护栏杆、踢脚板、立网、脚手架、剪力撑、大小横杆、斜道等的设置要正确，不允许脚手架钢木、钢竹混合搭设或脚手架搭设单排架，同时在搭设和使用时要加强安全教育。

（5）施工用电要符合标准，工程与邻近高压线的距离及防护要达到要求；支线架设、低压干线架设、开关箱的设置及电熔丝的安装选用均应达到标准。

（6）龙门架的架设，各层要有灵敏的制动停靠装置，有超高、限位装置、缆风绳、钢丝绳的材质及安装方法要达到标准；楼层卸料平台要设防护栏、门，吊盘要有安全门扣；架体及传动系统、进料口防护、上下联络信号、卷扬机操作棚、避雷等均应按标准设置安装。

（7）各种施工机具如电锯、平刨、手持电动工具、钢筋机械、电焊机、搅拌机、乙炔发生器、气瓶、潜水泵等的防护、使用均应达到规定要求和标准。

5.6 案例分析

在装配式轻钢建筑中，监理单位对轻钢结构安装阶段进行质量控制，发生了以下事件。

事件一：安装时发现螺栓孔眼不对，一监理工程师擅自让工人对轻钢构件进行扩孔处理，然后进行安装。

事件二：某天对轻钢柱就位校正时，风力达到6级，工人依然进行作业。

事件三：监理发现工人为了省力，利用已经安好的轻钢柱垂直吊装较重的构件。

说说以上事件中做法不妥之处，并进行改正。

答案：

（1）事件一中，监理工程师擅自让工人对轻钢构件进行扩孔处理，然后进行安装，不妥。应该是及时报告技术负责人，经与设计单位洽商后，填写"技术变更单"，按规范或洽商的要求进行处理。

（2）事件二中，轻钢柱就位校正时，风力达到6级，工人依然进行作业不妥。应该在校正轻钢柱子时，当风力超过5级时停止作业，以防止风力作用而变形。

（3）事件三中，工人利用已经安好的轻钢柱垂直吊装较重的构件不妥。正确做法是：利用已经安装好的轻钢柱及与其相连的其他构件，做水平拽拉或垂直吊装较重的构件和设备，应征得设计单位的同意。

6 装配式建筑合同管理

6.1 合同台账的建立

（1）在建设工程施工阶段，相关各方所签订的合同数量较多，而且在合同的执行过程中，有关条件及合同内容也可能会发生变更。因此，为了有效地进行合同管理，项目监理机构首先应建立合同台账。

（2）建立合同台账，要全面了解各类合同的基本内容、合同管理要点、执行程序等，然后进行分类，用表格的形式动态地记录下来。

（3）建立合同管理台账时应注意：

① 建立时要分好类，可按专业分类，如工程、咨询服务、材料设备供货等。

② 要事先制作模板，分总台账和明细统计表。

③ 由专人负责跟踪进行动态填写和登记，同时要有专人进行检查、审核填写结果。

④ 要定期对台账分析、研究，发现问题及时解决，推动合同管理系统化、规范化。

相关合同台账实例见表 6-1 ~ 表 6-3。

表 6-1 ××项目合同管理台账（工程类）

序号	合同号	合同名称	合同种类	施工单位	工程管理							工程款支付情况				工程范围	
					合同工期/天	计划开工时间	开工令	实际开工时间	合同完工日期	实际完工日期	工程延期批复	合同金额	付款方式	请款记录	已支付工程款/%	现场负责人	主要施工范围

工程过程管理与影像记录				工程资料管理						保修年限	保修截止日期	违约处罚	备注
对外来往函件	安全文明施工管理	质量管理	进度管理	施工图纸签发	设计变更管理	技术联系单管理	施工方案报审情况	工程签证管理	竣工资料报审情况				

表 6-2　××项目合同管理台账（咨询类）

序号	合同号	合同名称	合同种类	承接单位	工程管理							请款情况			工程资料管理		违约处理	备注
					合同工期/天	计划开工时间	开工通知	实际开工时间	合同完工日期	实际完工日期	工程延期批复/天	合同金额	付款方式	已支付工程款/%	对外来往函件	施工方案报审情况		

表 6-3　××项目合同管理台账（供货类）

序号	合同号	合同名称	合同种类	供货单位	工程管理						
					合同工期/天	计划开工时间	供货通知	实际开工时间	合同完工日期	实际完工日期	工程延期批复/天

请款情况			工程范围		工程资料管理				保修期	违约处罚	备注
合同金额	付款方式	已支付工程款/%	现场负责人	主要施工范围	对外来往函件	施工样板报审情况	施工方案报审情况	竣工资料报审情况			

6.2　工程暂停及复工

1. 工程暂停的条件

项目监理机构发现下列情形之一，总监应及时签发工程暂停令：

（1）建设单位要求暂停施工且工程需要暂停施工的。

（2）施工单位未经批准擅自施工或拒绝项目监理机构管理的。

（3）施工单位未按审查通过的工程设计文件施工的。

（4）施工单位违反工程建设强制性标准的。

（5）施工存在重大质量、安全事故隐患或发生质量、安全事故的。

2．工程暂停及复工监理程序（见图6-1）

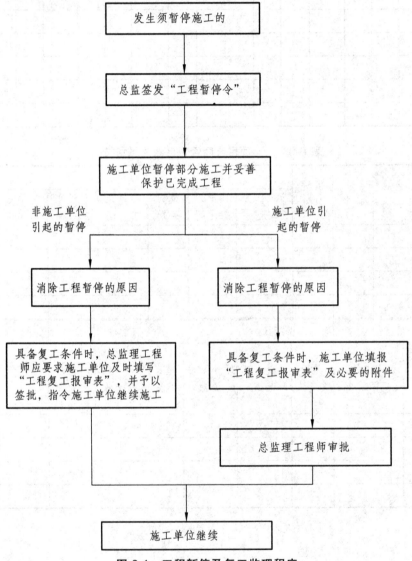

图 6-1　工程暂停及复工监理程序

3．处理工程暂停的要求

（1）总监在签发工程暂停令时，可根据停工原因的影响范围和影响程度，确定停工范围，并应按施工合同和建设工程监理合同的约定签发工程暂停令。

（2）总监签发工程暂停令应事先征得建设单位同意，在紧急情况下未能事先报告时，应在事后及时向建设单位做出书面报告。

（3）暂停施工事件发生时，项目监理机构应如实记录所发生的情况。

（4）总监应会同有关各方按照施工合同约定，处理因工程暂停引起的与工期、费用有关的问题。

（5）因施工单位原因暂停施工时，项目监理机构应检查、验收施工单位的停工整改过程、结果。

（6）工程暂停令应按监理用表A.0.5的要求填写。

4．工程复工的程序

（1）当暂停施工原因消失、具备复工条件时，施工单位提出复工申请的，项目监理机构应审查施工单位报送的工程复工报审表及有关材料，符合要求后，总监应及时签署审查意见，并应报建设单位批准后签发工程复工令。

（2）施工单位未提出复工申请的，总监应根据工程实际情况指令施工单位恢复施工。

（3）工程复工报审表应按监理表B.0.3的要求填写，工程复工令应按监理表A.0.7的要求填写。

6.3 建设工程施工合同管理

6.3.1 工程变更

1．工程变更的形式

（1）更改工程有关部分的标高、基线、位置和尺寸。

（2）增减合同中约定的工程量。

（3）增减合同中约定的工程内容。

（4）改变工程质量、性质或工程类型。

（5）改变有关工程的施工顺序和时间安排。

（6）为使工程竣工而必须实施的任何种类的附加工作。

2．工程变更的处理

（1）设计单位提出变更的，应提出工程变更申请并附工程变更的方案，报建设单位，建设单位批准后发至项目监理机构，由监理下发至施工单位并监督实施；建设单位不批准，该变更不能实施。

（2）建设单位提出变更的，应将此变更建议发给设计单位。设计单位审核报来的方案，经确认并签字盖章后发给建设单位，建设单位发给项目监理机构，项目监理机构发给施工单位并监督实施。

（3）施工单位提出工程变更的，有变更方案且建设、监理、设计均同意实施方案的，按如下流程进行：施工单位→监理单位→建设单位→设计单位（签字盖章）→建设单位→监理单位→施工单位并监督实施。

（4）施工单位提出工程变更的，无变更方案且建设、监理、设计均同意的，由设计单位出方案签字盖章后发出，并由项目监理机构发给施工单位并监督实施。

3．工程变更的原则

（1）设计文件是建设项目和组织施工的主要依据，设计文件一经批准，不得任意变更。只有工程变更按规定审批权限得到批准后，才可组织施工。

（2）工程变更必须坚持高度负责的精神与严格的科学态度，在确保工程质量标准的前提下，对于降低工程造价、节约用地、加快施工进度等方面有显著效益时，应考虑工程变更。

（3）工程变更，事先应周密调查，备有图文资料，其要求与现设计文件相同，以满足施工需要，并详细申述变更设计理由、变更方案（附上简图及现场图片）、与原设计的技术经济比较（无单价的填写预算费用），按照规定的审批权限，报请审批，未经批准的不得变更。

（4）工程变更的图纸设计要求和深度等与原设计文件相同。

4．项目监理机构处理工程变更的程序

项目监理机构可按下列程序处理施工单位提出的工程变更：

（1）总监组织专业监理工程师审查施工单位提出的工程变更申请，提出审查意见。对涉及工程设计文件修改的工程变更，应由建设单位转交原设计单位修改工程设计文件。必要时，项目监理机构应建议建设单位组织设计、施工等单位召开专题会议，论证工程设计文件的修改方案。

（2）总监组织专业监理工程师对工程变更费用及工期影响做出评估。

（3）总监组织建设单位、施工单位等共同协商确定工程变更费用及工期变化，会签工程变更单。

（4）项目监理机构根据批准的工程变更文件监督施工单位实施工程变更。无总监或其代表签发的设计变更令，施工单位不得做任何工程设计和变更，否则项目监理机构不予计量和支付。

5．处理工程变更的要求

（1）项目监理机构可在工程变更实施前与建设单位、施工单位等协商确定工程变更的计价原则、计价方法或价款。

（2）建设单位与施工单位未能就工程变更费用达成协议时，项目监理机构可提出一个暂定价格并经建设单位同意，作为临时支付工程款的依据。工程变更款项最终结算时，应以建设单位与施工单位达成的协议为依据。

（3）项目监理机构可对建设单位要求的工程变更提出评估意见，并应督促施工单位按照会签后的工程变更单组织施工。

例如，在桥梁工程施工的过程中，如果项目的相关方要求进行工程的变更时，必须向桥梁的工程监理部门提出变更的相关申请要求，对于变更的目的与相关的变更点，必须向有关的监理提供有效的资料。监理部门对变更提出方要求的变更进行仔细考证，并对其变更的原因、可行性、必要性及相关的影响进行分析并确认。同时对于由于变更而引起的在施工过程中所存在的各项费用及其他方面的要求应依照合同严格执行。

6.3.2 工程索赔

1．索赔产生的原因

（1）当事人违约。

（2）不可抗力或不利的物质条件。

（3）合同缺陷。

（4）合同变更。

（5）监理通知单。

（6）其他的第三方原因。

2．索赔的处理原则

（1）以合同为依据。

根据我国有关规定，合同文件能互相解释、互为说明。除合同另有约定外，其组成和解释顺序如下：

① 合同协议书。

② 中标通知书。

③ 投标书及其附件。

④ 本合同专用条款。

⑤ 本合同通用条款。

⑥ 标准、规范及有关技术文件。

⑦ 施工图纸。

⑧ 工程量清单。

⑨ 工程报价单或预算书。

（2）注意造价资料积累。

（3）及时、合理地处理索赔和反索赔。

（4）加强索赔的前瞻性，有效避免过多索赔事件的发生。

3．注重索赔证据的有效性

《建设工程施工合同（示范文本）》（GF-2017-0201）》中规定，当一方向另一方提出索赔时，要有正当索赔理由，且有索赔事件发生时的有效证据。

1）对索赔证据的要求

（1）真实性。

（2）全面性。

（3）关联性。

（4）及时性。

（5）具有法律证明效力。

2）常见的索赔证据

（1）招标文件、工程合同及附件、施工组织设计、工程图纸、技术规范等。

（2）工程各项有关设计交底记录、变更图纸、变更施工指令等。

（3）工程各项经建设单位或监理工程师签认的签证。

（4）工程各项往来信件、指令、信函、通知、答复。

（5）例会和专题会的会议纪要。

（6）施工计划及现场实施情况记录。

（7）施工日记及工长工作日志、备忘录。

（8）工程送电、送水、道路开通、封闭的日期及数量记录。

（9）工程停电、停水和干扰事件影响的日期及恢复施工的日期。

（10）工程预付款、进度款拨付的数额及日期记录。

（11）图纸变更、交底记录的送达份数及日期记录。

（12）工程有关施工部位的照片及录像等。

（13）工程现场气候记录。有关天气的温度、风力、雨雪等。

（14）工程验收报告及各项技术鉴定报告等。

（15）工程材料采购、订货、运输、进场、验收、使用等方面的凭据。

（16）工程会计核算资料。

（17）国家、省、市有关影响工程造价、工期的文件、规定等。

4．施工单位向建设单位索赔的原因

（1）合同文件内容出错引起的索赔。

（2）由于设计图纸延迟交付施工单位造成索赔。

（3）由于不利的实物障碍和不利的自然条件引起索赔。

（4）由于建设单位提供的水准点、基线等测量资料不准确造成的失误与索赔。

（5）施工单位依据建设单位意见，进行额外钻孔及勘探工作引起索赔。

（6）由建设单位风险所造成的损害的补救和修复所引起的索赔。

（7）因施工中施工单位开挖到化石、文物、矿产等珍贵物品，要停工处理引起的索赔。

（8）由于需要加强道路与桥梁结构以承受"特殊超重荷载"而索赔。

（9）由于建设单位雇佣其他施工单位的影响，并为其他施工单位提供服务提出索赔。

（10）由于额外样品与试验而引起索赔。

（11）由于对隐蔽工程的揭露或开孔检查引起的索赔。

（12）由于建设单位要求工程中断而引起的索赔。

（13）由于建设单位延迟移交土地引起的索赔。

（14）由于非施工单位原因造成了工程缺陷需要修复而引起的索赔。

（15）由于要求施工单位调查和检查缺陷而引起的索赔。

（16）由于非施工单位原因造成的工程变更引起的索赔。

（17）由于变更合同总价格超过有效合同价的 15% 而引起索赔。

（18）由于特殊风险引起的工程被破坏和其他款项支出而提出的索赔。

（19）因特殊风险使合同终止后的索赔。

（20）因合同解除后的索赔。

（21）建设单位违约引起工程终止等的索赔。

（22）由于物价变动引起的工程成本的增减的索赔。

（23）由于后继法规的变化引起的索赔。

（24）由于货币及汇率变化引起的索赔等。

5．施工索赔提交的证明材料

施工索赔提交的证明材料，包括（但不限于）：

（1）合同文件（施工合同、采购合同等）。

（2）项目监理机构批准的施工组织设计、专项施工方案、施工进度计划。

（3）合同履行过程中的来往函件。

（4）建设单位和施工单位的有关文件。

（5）施工现场记录。

（6）会议纪要。

（7）工程照片。

（8）工程变更单。

（9）有关监理文件资料（监理记录、监理工作联系单、监理通知单、监理月报等）。

（10）工程进度款支付凭证。

（11）检查和试验记录。

（12）汇率变化表。

（13）各类财务凭证。

（14）其他有关资料。

6．项目监理机构处理施工单位提出的费用索赔的程序

（1）受理施工单位在施工合同约定的期限内提交的费用索赔意向通知书。

（2）收集与索赔有关的资料。

（3）受理施工单位在施工合同约定的期限内提交的费用索赔报审表。

（4）审查费用索赔报审表。需要施工单位进一步提交详细资料的，应在施工合同约定的期限内发出通知。

（5）与建设单位和施工单位协商一致后，在施工合同约定的期限内签发费用索赔报审表，并报建设单位。费用索赔报审表应按监理用表 A-30 的要求填写。

7．项目监理机构处理费用索赔的主要依据

（1）法律法规。

（2）勘察设计文件、施工合同文件。

（3）工程建设标准。

（4）索赔事件的证据。

8．项目监理机构批准施工单位费用索赔应同时满足的条件

（1）施工单位在施工合同约定的期限内提出费用索赔。

（2）索赔事件是因非施工单位原因造成，且符合施工合同约定。

（3）索赔事件造成施工单位直接经济损失。

9．处理索赔的要求

（1）项目监理机构应及时收集、整理有关工程费用的原始资料，为处理费用索赔提供证据。

（2）当施工单位的费用索赔要求与工程延期要求相关联时，项目监理机构可提出费用索赔和工程延期的综合处理意见，并应与建设单位和施工单位协商。

（3）因施工单位原因造成建设单位损失，建设单位提出索赔时，项目监理机构应与建设单位和施工单位协商处理。

6.3.3　工程延期及工期延误管理

1．项目监理机构批准工程延期应同时满足的条件

（1）施工单位在施工合同约定的期限内提出工程延期。

（2）因非施工单位原因造成施工进度滞后。

（3）施工进度滞后影响到施工合同约定的工期。

2．申报工程延期的原因

由于以下原因导致工程拖期，施工单位有权提出延长工期的申请，总监应按合同规定，批准工程延期时间。

（1）总监发出工程变更指令而导致工程量增加。

（2）合同所涉及的任何可能造成工程延期的原因，如延期交图、工程暂停、对合格工程的剥离检查及不利的外界条件。

（3）异常恶劣的气候条件。

（4）由建设单位造成的任何延误、干扰或障碍，如未及时提供施工场地、未及时付款等。

（5）除施工单位自身以外的其他任何原因。

3．工程临时延期报审程序

（1）施工单位在施工合同规定的期限内，向项目监理机构提交对建设工程的延期（工期索赔）申请表或意向通知书。

（2）总监指定专业监理工程师收集与延期有关的资料。

（3）施工单位在承包合同规定的期限内向项目监理机构提交"工程临时延期报审表"。

（4）总监指定专业监理工程师初步审查"工程临时延期报审表"是否符合有关规定。

（5）总监进行延期核查，并在初步确定延期时间后，与施工单位及建设单位进行协商。

（6）总监应在施工合同规定的期限内签署"工程临时延期审批表"。

4．工程延期的审批程序

工程延期的审批程序如图 6-2 所示。

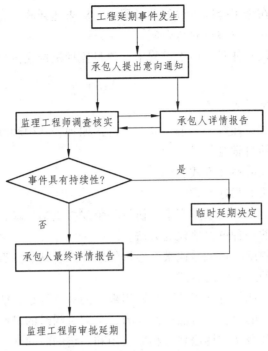

图 6-2　工程延期的审批程序

（1）当工程延期事件发生后施工单位应在合同规定的有效期内以书面形式通知项目监理机构（即工程延期意向通知），以便于项目监理机构尽早了解所发生的事件，及时做出一些减少延期损失的决定。

（2）施工单位应在合同规定的有效期内（或项目监理机构可能同意的合理期限内）向项目监理机构提交详细的申述报告（延期理由及依据）。项目监理机构收到该报告后应及时进行调查核实，准确地确定出工程延期时间。

（3）当延期事件具有持续性或一时难以做出结论时，施工单位在合同规定的有效期内不能提交最终详细的申述报告时，应先向项目监理机构提交阶段性的详情报告。

项目监理机构应在调查核实阶段性报告的基础上，尽快做出延长工期的临时决定。临时决定的延期时间不宜太长，一般不超过最终批准的延期时间。

（4）待延期事件结束后，施工单位应在合同规定的期限内向项目监理机构提交最终的详情报告。项目监理机构应复查详情报告的全部内容，然后确定该延期事件所需要的延期时间。

（5）发生工期延误时，项目监理机构应按施工合同约定进行处理。

6.3.4　工程争议的解决

1．项目监理机构处理施工合同争议时应进行的工作

（1）了解合同争议情况。

（2）及时与合同争议双方进行磋商。

（3）提出处理方案后，由总监进行协调。

（4）当双方未能达成一致时，总监应提出处理合同争议的意见。

（5）项目监理机构在施工合同争议处理过程中，对未达到施工合同约定的暂停履行合同条件的，应要求施工合同双方继续履行合同。

（6）在施工合同争议的仲裁或诉讼过程中，项目监理机构应按仲裁机关或法院要求提供与争议有关的证据。

　　2．施工合同争议的解决方式

　　合同争议的解决方式有和解、调解、仲裁、诉讼四种。其中和解、调解没有强制执行的法律效力，要靠当事人的自觉履行。

（1）和解是解决争议的最佳方式。

（2）调解是解决争议的很好方式。

（3）仲裁又称公断，是指由双方当事人协议将争议提交第三者，由该第三者对争议的是非曲直评判并做出裁决的一种解决争议的方法。

　　我国采用或裁或审制度，也就是说某一经济纠纷，或者到法院诉讼，或者选择仲裁。

（4）诉讼是对争议的最终解决方式。

　　以上四种方式和解、调解有利于消除合同当事人的对立情结，能够较经济、及时解决纠纷。仲裁、诉讼是使纠纷的解决具有法律约束力，是解决纠纷的最有效的解决方式，但相对于和解、调解必须付出仲裁费和诉讼费等相应费用和一定的时间。

6.4　案例分析

【案例一】

　　某工程下部为钢筋混凝土基础，上面安装设备。建设单位分别与土建、安装单位签订了基础、设备安装工程施工合同。两个承包商都编制了相互协调的进度计划。进度计划已得到批准。基础施工完毕，设备安装单位按计划将材料及设备运进现场，准备施工。经检测发现有近 1/8 的设备预埋螺栓位置偏移过大，无法安装设备，须返工处理。安装工作因基础返工而受到影响，安装单位提出索赔要求。

　　问题：

（1）安装单位的损失应由谁负责？为什么？

（2）安装单位提出索赔要求，项目监理机构应如何处理？

（3）项目监理机构如何处理本工程的质量问题？

【答案】（参考）

（1）本题中安装单位的损失应由建设单位负责。

　　理由：安装单位与建设单位之间具有合同关系，建设单位没有能够按照合同约定提供安装单位施工工作条件，使得安装工作不能够按照计划进行，建设单位应承担由此引起的损失。而安装单位与土建施工单位之间没有合同关系，虽然安装工作受阻是由于土建施工单位施工质量问题引起的，但不能直接向土建施工单位索赔。建设单位可以根据合同规定，再向土建施工单位提出赔偿要求。

（2）对于安装单位提出的索赔要求，项目监理机构应该按照如下程序处理：

① 审核安装单位的索赔申请。

② 进行调查、取证。

③ 判定索赔成立的原则，审查索赔成立条件，确定索赔是否成立。

④ 分清责任，认可合理的索赔额。

⑤ 与施工单位协商补偿额。

⑥ 提出自己的"索赔处理决定"。

⑦ 签发索赔报告，并将处理意见抄送建设单位批准。

⑧ 若批准额度超过项目监理机构权限，应报请建设单位批准。

⑨ 若建设单位提出对土建施工单位的索赔，项目监理机构应提供土建施工单位违约证明。

（3）对于地脚螺栓偏移的质量问题，项目监理机构应首先判断其严重程度，此质量问题为可以通过返修或返工弥补的质量问题，应向土建施工单位发出"监理通知单"责成施工单位写出质量问题调查报告，提出处理方案，填写"监理通知回复单"报项目监理机构审核后批复承包单位处理。施工单位处理过程中项目监理机构监督检查施工处理情况，处理完成后，应进行检查验收，合格后，组织办理移交，交由安装单位进行安装作业。

【案例二】

某施工单位承揽了一项综合办公楼的总承包工程，在施工过程中发生了如下事件。

事件1：施工单位与某材料供应商所签订的材料供应合同中未明确材料的供应时间。急需材料时，施工单位要求材料供应商马上将所需材料运抵施工现场，遭到材料供应商的拒绝，两天后才将材料运到施工现场。

事件2：某设备供应商由于进行设备调试，超过合同约定的期限交付施工单位订购的设备，恰好此时该设备的价格下降，施工单位按下降后的价格支付给设备供应商，设备供应商要求以原价执行，双方产生争执。

事件3：施工单位与某施工机械租赁公司签订的租赁合同约定的期限已到，施工单位将租赁的机械交还租赁公司并交付租赁费，此时，双方签订的合同终止。

事件4：该施工单位与某分包单位所签订的合同中明确规定要降低分包工程的质量，从而减少分包单位的合同价格，为施工单位创造更高的利润。

问题：

（1）事件1中材料供应商的做法是否正确？为什么？

（2）根据事件1，你认为合同当事人在约定合同内容时应包括哪些方面的条款？

（3）事件2中施工单位的做法是否正确？为什么？

（4）事件3中合同终止的原因是什么？除此之外，还有什么情况可以使合同的权利义务终止？

（5）事件4中合同当事人签订的合同是否有效？

（6）在什么情况下可导致合同无效？

答案：

（1）事件1中材料供应商的做法正确。

理由：当履行期限不明确的，债务人可以随时履行，债权人也可以随时要求履行，但应当给对方必要的准备时间。

（2）合同当事人在约定合同内容时，应包括以下条款：

当事人的名称或者姓名和住所；标的；数量；质量；价款或者报酬；履行期限、地点和方式；违约责任；解决争议的方法。

（3）事件2中施工单位的做法是正确的。

理由：逾期交付标的物的，遇价格上涨时，按照原价格执行；价格下降时，按照新价格执行。

（4）事件3中合同终止的原因是债务已经按照约定履行。可以使合同终止的情况还包括：合同解除；债务相互抵消；债权人依法将标的物提存；债权人免除债务；债权债务同归于一人；法律规定或者当事人约定终止的其他情形。

（5）事件4中合同当事人签订的合同无效。

（6）导致合同无效的情况有：

① 一方以欺诈、胁迫的手段订立，损害国家利益的合同。

② 恶意串通，损害国家、集体或者第三人利益的合同。

③ 以合法形式掩盖非法目的的合同。

④ 损害社会公共利益的合同。

⑤ 违反法律、行政法规的强制性规定的合同。

7 装配式建筑信息管理

装配式建筑构件生产和施工信息化管理主要内容应包括项目管理、信息化设计、材料管理、生产管理、成品和发运管理、施工管理等。

7.1 装配式建筑构件生产和施工

7.1.1 信息化设计

装配式建筑构件生产和施工信息化管理流程如图 7-1 所示。

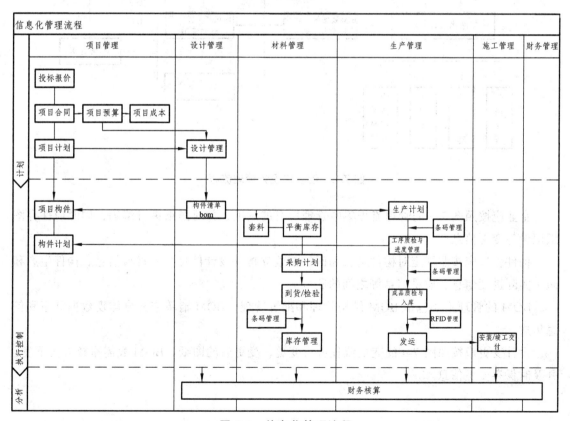

图 7-1 信息化管理流程

信息化设计管理范围应涵盖整个构件深化设计阶段，其基本内容应包括 BIM 模型的建立、管理以及模型数据在工程项目全生命周期中的应用。

深化设计阶段的 BIM 模型应满足工程项目全生命周期各阶段各相关方协同工作的需要，包括信息的获取、更新、修改和管理。

BIM 模型数据交付时，数据提供方和接受方均应对互用数据进行审核、确认。

BIM 模型数据应用于构件生产和施工信息化管理时，互用数据格式应涵盖建筑行业所有标准，其格式转换宜采用成熟的转换方式和转换工具。

BIM 模型数据应进行编码与存储。

信息化设计管理应主要包括图纸管理、构件管理、BOM 管理、变更管理。

企业应明确信息化设计管理的信息流程，装配建筑企业运用 BIM 的信息化管理流程如图 7-2 所示。

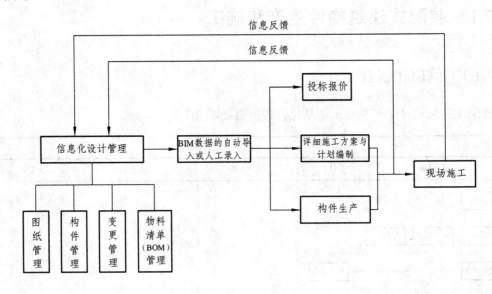

图 7-2　信息化设计管理流程

企业应按照图 7-3 的管理流程集中管理所有的图纸，并对图纸进行编码，同时应保存图纸记录与变更信息。

构件管理应按照规定对构件进行编码，并建立构件设计信息与原材料信息、构件生产和施工实际进度信息、质量信息等之间的联系。

BOM 的管理主要包括 BOM 结构管理和配置管理，BOM 清单应充分体现数据共享和信息集成。

设计变更应按照图 7-4 的变更流程进行变更，变更后的图纸、BOM 表需审核方可下发，并及时保存变更信息。

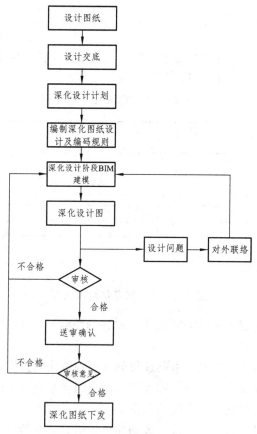

图 7-3　深化图纸管理流程图

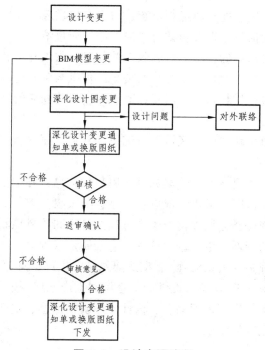

图 7-4　设计变更流程

7.1.2 生产材料管理

材料信息化管理范围应涵盖材料需求、采购、入库、质检、领用、配送各环节，其基本内容应包括套料管理、采购管理、材料质量管理、库存管理。

企业应明确材料管理中的信息流程，装配式建筑企业材料信息化管理流程如图 7-5 所示。

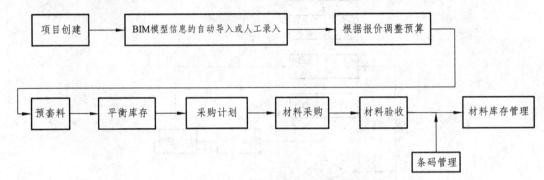

图 7-5　材料信息化管理流程

套料管理应依据 BIM 提供的 BOM 表进行材料的预套料，并建立与库存信息的联系，依据平衡库存的结果编制采购计划。

采购管理应包括采购计划管理、采购过程的管理和供应商管理，并应满足下列要求：

（1）采购计划管理应按照规定对采购计划进行编码，并建立采购计划与采购申请单、采购合同、原材料库存、进度信息等之间的联系。

（2）收集并录入原材料到货、出库、进场和耗用信息，并与计划进行对比分析，依据进度管理信息及时调整采购量。

（3）供应商管理应对供应商资质进行审查，对于合格供应商，应收集和录入其相关信息并编码管理，依据供应商信息定期分析评价供应商服务质量情况。

材料的质量管理应对采购的材料进行验收，验收时应收集材料相关审查资料，核对材料信息，检查材料的外观、标识及尺寸，并将所搜集的信息与验收记录及时录入信息系统中。

材料的库存管理应包括材料入库、出库、盘点、余料等仓储管理全过程的管理，并应满足下列基本要求：

（1）应按照规定对原材料和库存区域进行编码，并建立原材料信息与库存区域信息、供应商信息之间的联系。

（2）应结合 RFID 或条码技术，收集和录入原材料信息，并依据原材料库存信息统计分析项目的用料情况、库存情况、成本情况以及编制各类报表。

生产信息化管理范围应涵盖构件整个生产过程的管理和质量控制，其基本内容应包括：生产计划的管理、工艺的管理、生产进度管理、生产质量管理。

企业应明确生产管理中的信息流程，装配式建筑企业生产信息化管理流程如图 7-6 所示。

生产计划的管理应根据 BIM 模型提供的信息编制生产计划，按照规定对生产计划进行编码，并建立生产计划与构件生产进度信息、构件工序质检信息、生产现场监控信息、原材料信息、构件加工信息等之间的联系。

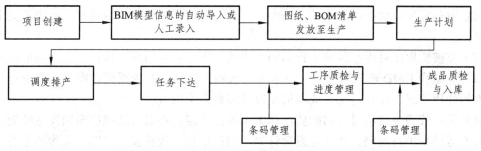

图 7-6　生产信息化管理流程

工艺的管理应根据 BIM 模型提供的信息编制工艺及相关文件,并按照规定对工艺及相关文件进行编码。

生产进度的管理与质量管理应结合条码技术,收集和录入各关键工序进度信息与质检信息,其管理流程如图 7-7 所示。

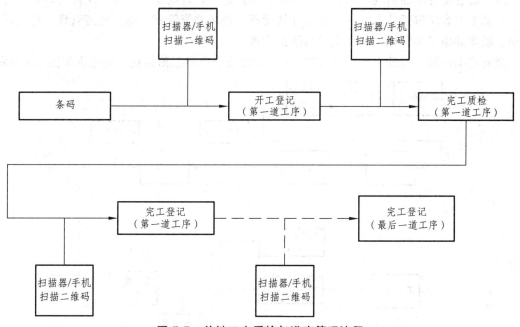

图 7-7　关键工序质检与进度管理流程

企业应对收集的生产信息进行统计分析,并将结果作为绩效考核和生产能力评价的依据。收集的生产进度信息应及时反馈给 BIM 模型,逐步完善 BIM 模型。

7.1.3　成品与发运管理

成品与发运管理范围应涵盖成品的入库、出库、质检、发运各环节,其基本内容应包括成品库存管理、成品质量管理、成品发运管理。

成品质量管理应对构件进行入库前的验收,验收时应收集构件检查资料,核对构件信息,检查构件的外观、标识及尺寸,并将所搜集的信息与验收记录及时录入信息系统中。

成品库存管理应包括构件入库、出库、盘点等仓储管理全过程的管理，并应满足下列基本要求：

（1）应按照规定对库存区域进行编码，并建立库存区域信息与构件信息之间的联系。

（2）应结合 RFID 或条码技术，收集和录入构件信息，并依据构件库存信息统计分析项目构件的使用情况、库存情况、成本情况以及编制各类报表。

成品发运管理应按项目计划的要求和施工单位确定的现场安装顺序编制发运计划，按照规定对发运计划进行编码，并建立发运计划与构件信息、构件发运状态、发货清单等之间的联系。

构件发运过程中应结合 RFID 和条码技术，实时跟踪构件发运状态，避免漏发、错发。

7.1.4 施工管理

施工信息化管理的范围应涵盖施工准备、物资进场、现场安装、竣工交付与维护等各环节，其基本内容应包括技术准备、施工计划管理、现场物资管理、施工进度管理、施工质量管理、职业健康安全管理、竣工交付与维护管理。

企业应明确施工管理中的信息流程，装配式建筑企业施工信息化管理流程如图 7-8 所示。

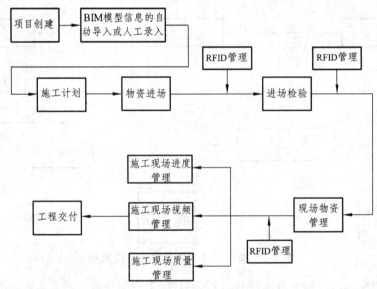

图 7-8　施工信息化管理流程

施工计划管理应依据项目计划的总要求编制施工计划，按照规定对施工计划进行编码，并建立施工计划与施工进度信息、质量信息、安全信息等之间的联系。

在现场施工之前，应收集和整理技术资料，做好技术准备工作。

现场物资管理应结合 RFID 或条码技术，收集并录入物资进出场和耗用信息，并与采购计划进行对比分析，依据进度管理信息及时调整进退场时间及采购量。

施工质量管理应包括构件的进场验收与施工过程中的质量控制，并应满足下列要求：

（1）构件的进场验收应结合 RFID 或条码技术，收集构件检查资料，核对构件信息，检查构件的外观、标识及尺寸，并将所搜集的信息与验收记录及时录入信息系统中。

（2）施工过程中的质量控制应结合 RFID 或条码技术或视频技术，收集并录入构件安装过程的质量信息，并利用这些信息进行分析处理，对可能产生的质量问题提供制定纠正、预防的信息。

施工进度的管理应结合 RFID 或条码技术，实时收集和录入施工实际进度信息，并将进度信息及时反馈给 BIM 模型。

职业健康安全管理应及时收集并录入职业健康、安全、环境活动的策划、培训、教育、检查、整改、纠正、预防等相关信息，并与管控目标进行对比分析，对可能产生的隐患进行预防。

项目竣工时，应对收集的信息进行整理和分析，并将完工信息反馈给 BIM 模型，最终形成可交付的完整的 BIM 模型。

7.1.5 系统维护及安全管理

在构件生产和施工信息化管理过程中，应保证录入系统的数据真实、有效和完整，并及时备份和维护数据。

应从硬件、软件、权限等方面对录入的数据进行安全保护，并应对信息系统运行的情况进行检查和评估。

7.2 监理文件资料管理

7.2.1 监理文件资料的一般规定

（1）监理文件资料：《建设工程文件归档整理规范》（GB/T 50328）、《建筑工程资料管理规程》（JGJ/T 185）对监理文件资料的表述为：工程监理单位在履行建设工程监理合同过程中形成或获取的，以一定形式记录、保存的文件资料。

（2）监理文件资料管理：监理文件资料的收集、填写、编制、审核、审批、整理、组卷、移交及归档工作的统称，简称监理文件资料管理。

（3）项目监理机构应建立和完善信息管理制度，设专人管理监理文件资料。

（4）监理人员应如实记录监理工作，及时、准确、完整传递信息，按规定汇总整理、分类归档监理文件资料。

（5）监理单位应按规定编制和移交监理档案，并根据工程特点和有关规定，合理确定监理单位档案保存期限。

7.2.2 监理文件资料的主要内容与分类

1. 新修订版《监理规范》规定的监理文件资料的主要内容

（1）勘察设计文件、建设工程监理合同及其他合同文件。

（2）监理规划、监理实施细则。

（3）设计交底和图纸会审会议纪要。

（4）施工组织设计、（专项）施工方案、施工进度计划报审文件资料。

（5）分包单位资格报审文件资料。

（6）施工控制测量成果报验文件资料。

（7）总监任命书，工程开工令、暂停令、复工令，工程开工或复工报审文件资料。

（8）工程材料、构配件、设备报验文件资料。

（9）见证取样和平行检验文件资料。

（10）工程质量检查报验资料及工程有关验收资料。

（11）工程变更、费用索赔及工程延期文件资料。

（12）工程计量、工程款支付文件资料。

（13）监理通知单、工作联系单与监理报告。

（14）第一次工地会议、监理例会、专题会议等会议纪要。

（15）监理月报、监理日志、旁站记录。

（16）工程质量或生产安全事故处理文件资料。

（17）工程质量评估报告及竣工验收监理文件资料。

（18）监理工作总结。

2．常用监理文件资料的分类方法

各监理单位应根据国家及省市的规定和要求，结合监理单位自身情况对现场项目监理文件资料进行管理和分类，也可参考按以下 A、B、C、D、E、F、G……字母编号方法进行分类和存档。

1）A 类：质量控制

A-01 施工组织设计（方案）报审表

A-02 施工单位管理架构资质报审表

A-03 分包单位资格报审表

A-04 工作联系单

A-05 不合格项通知单

A-06 监理通知单/回复单

A-07 监理机构审查表

A-08 材料/构配件/设备报审表

A-09 模板安装工程报审表

A-10 模板拆除工程报审表

A-11 钢筋工程报审表

A-12 防水工程报审表

A-13 混凝土工程浇灌审批表

A-14 _____工程报验表

A-15 施工测量放线报验单

A-16 图纸会审记录

A-17 工程变更图纸

A-18 见证送检报告

A-19 监理规划

A-20 监理细则、方案

A-21 监理月报

A-22 监理例会纪要

A-23 专题会议纪要

A-24 监理日志

A-25 工程创优资料

A-26 工程质量保修资料

A-27 工程质量快报等

2）B类：进度控制

B-01 工程开工/复工报审表

B-02 施工进度计划（调整）报审表

B-03 工程暂停令

B-04 工程开工/复工令

B-05 施工单位周报

B-06 施工单位月报等

3）C类：投资控制

C-01 工程款支付证书

C-02 施工签证单

C-03 费用索赔申请表

C-04 费用索赔审批表

C-05 乙供材料（设备）选用/变更审批表

C-06 工程变更费用报审表

C-07 新增综合单价表

C-08 预算审查意见

C-09 工程竣工结算审核意见书等

4）D类：安全管理

D-01 安全监理法规文件资料

D-02 三级安全教育

D-03 施工安全评分表

D-04 施工机械（特种设备）报验资料

D-05 安全技术交底

D-06 特种作业上岗证、平安卡

D-07 重大危险源辨析及巡查资料

D-08 安全监理内部会议、培训资料

D-09 安全监理巡查表

D-10 每周安全联合巡查

D-11 监理单位巡查评分表

D-12 安全监理资料用表

5）E类：合同管理

E-01 合同管理台账

E-02 监理酬金申请表

E-03 工程临时延期申请表

E-04 工程临时延期审批表

E-05 工程最终延期审批表

E-06 工、料、机动态报表

E-07 合同争议处理意见书

E-08 工程竣工移交证书等

6）F类：信息管理

F-01 工程建设法定程序文件清单

F-02 监理人员资历资料

F-03 监理工作程序、制度及常用表格

F-04 施工机械进场报审表

F-05 监理单位来往文函

F-06 监理单位监理信息化文件

F-07 收发文登记本

F-08 传阅文件表

F-09 旁站记录

F-10 监理日志

F-11 工程质量评估报告

F-12 监理工作总结

F-13 监理声像资料等

7）G类：组织协调

G-01 建设单位来文、函件

G-02 设计单位来文、函件、施工图纸

G-03 施工单位来文、函件

G-04 其他单位文件

G-05 招标文件

G-06 投标文件

G-07 勘察报告

G-08 第三方工程检测报告

G-09 工程质量安全监督机构文件

G-10 建筑节能监理评估报告

8）H类：项目监理机构管理

H-01 总监任命通知书

H-02 项目监理机构印章使用授权书

H-03 项目监理机构设置通知书

H-04 项目监理机构监理人员调整通知书

H-05 项目监理机构监理人员执业资质证复印件

H-06 监理单位营业执照及资质证书复印件

H-07 监理办公设备、设施及检测试验仪器清单

H-08 项目监理机构考勤表

H-09 项目监理机构内部会议记录及监理工作交底资料

H-10 监理单位业务管理部门巡查、检查资料

H-11 监理单位发布实行的规章制度、规定、通知、要求等文件

7.2.3 监理文件资料常用表式

新修订《监理规范》中载明的 A、B、C 三类共 25 个监理基本表式。

《监理规范》列出的建设：工程监理基本表式 25 个，分为 A 类表（工程监理单位用表）、B 类表（施工单位报审/验用表）和 C 类表（通用表）三类。其中，A 类表是工程监理单位对外签发的监理文件或监理工作控制记录用表，共有 8 个表式；B 类表由施工单位填写后报工程监理单位或建设单位审批或验收用表，共有 14 个表式；C 类表是工程参建各方的通用表，共有 3 个表式。其《建设工程监理基本表式》如下：

1．附录 A：工程监理单位用表

表 A.0.1 总监任命书

表 A.0.2 工程开工令

表 A.0.3 监理通知

表 A.0.4 监理报告

表 A.0.5 工程暂停令

表 A.0.6 旁站记录

表 A.0.7 工程复工令

表 A.0.8 工程款支付证书

2．附录 B：施工单位报审、报验用表

表 B.0.1 施工组织设计、（专项）施工方案报审表

表 B.0.2 工程开工报审表

表 B.0.3 工程复工报审表

表 B.0.4 分包单位资格报审表

表 B.0.5 施工控制测量成果报验表

表 B.0.6 工程材料、构配件、设备报审表

表 B.0.7 _____报审、报验表

表 B.0.8 分部工程报验表

表 B.0.9 监理通知回复单

表 B.0.10 单位工程竣工验收报审表

表 B.0.11 工程款支付报审表

表 B.0.12 施工进度计划报审表

表 B.0.13 费用索赔报审表

表 B.0.14 工程临时/最终延期报审表

3．附录 C：通用表

表 C.0.1 工作联系单

表 C.0.2 工程变更单

表 C.0.3 索赔意向通知书

7.2.4 监理文件资料归档与移交

1．监理文件资料归档范围和保管期限

《建设工程文件归档规范》（GB/T 50328—2014）对监理文件资料归档范围和保管期限规定见表 7-1。

表 7-1 归档文件的保存单位和保管期限

序号	归档文件	保存单位和保管期限				
		建设单位	施工单位	设计单位	监理单位	城建档案馆
1	监理规划	长期			短期	√
2	监理实施细则	长期			短期	√
3	监理部总控制计划等	长期			短期	
4	监理月报中的有关质量问题	跃期			长期	√
5	监理会议纪要中的有关质量问题	长期			长期	√
6	工程开工/复工审批表	长期			长期	√
7	工程开工/复工暂停令	长期			长期	√
8	不合格项目通知	长期			长期	√
9	质量事故报告及处理意见	长期			长期	√
10	预付款报审与支付	短期				
11	月付款报审与支付	短期				
12	设计变更、洽商费用报审与签认	长期				
13	工程竣工决算审核意见书	长期				√
14	分包单位资质材料	长期				
15	供货单位资质材料	长期				
16	试验等单位资质材料	长期				
17	有关进度控制的监理通知	长期			长期	

序号	归档文件	保存单位和保管期限				
		建设单位	施工单位	设计单位	监理单位	城建档案馆
18	有关质量控制的监理通知	长期			长期	
19	有关造价控制的监理通知	长期			长期	
20	工程延期报告及审批	永久			长期	√
21	费用索赔报告及审批	长期			长期	
22	合同争议、违约报告及处理意见	永久			长期	√
23	合同变更材料	长期			长期	√
24	专题总结	长期			短期	
25	监理月报	长期			短期	
26	工程竣工总结	长期			长期	√
27	工程质量评估报告	长期			长期	√

（1）《建设工程文件归档规范》（GB/T 50328—2014）规定，以上 27 种监理文件资料都要移交给建设单位存档（纸质和电子文件），监理单位要长期存档的有 18 种（仅电子文件），城建档案馆存档的有 14 种（纸质和电子文件）。

（2）根据《监理规范》【监理文件资料管理】的要求，项目监理机构应建立完善监理文件资料管理制度，设专人管理监理文件资料，应及时、准确、完整地收集、整理、编制、传递监理文件资料。应采用计算机技术进行监理文件资料管理，实现监理文件资料管理的科学化、程序化、规范化。及时整理、分类汇总监理文件资料，按规定组卷，形成监理档案。

（3）工程监理单位应根据工程特点和有关规定，保存监理档案，并向有关单位、部门移交需要存档的监理文件资料。

2．监理文件资料存档移交及管理要求

（1）建立健全文件、函件、图纸、技术资料的登记、处理、归档与借阅制度。文件发送与接收由现场监理机构（资料管理组）统一负责，并要求收文单位签收。存档文件由监理信息资料员负责管理，不得随意存放，凡有关手续，用后还原。

（2）工程开工前总监应与建设单位、设计、施工单位，对资料的分类、格式（包括用纸尺寸）、份数以及移交达成一致意见。

（3）监理文件资料的送达时间以各单位负责人或指定签收人的签收时间为准。设计、施工单位对收到监理文件资料有异议，可于接到该资料的 7 日内，向项目监理机构提出要求确认或要求变更的申请。

（4）项目总监定期对监理文件资料管理工作进行检查，公司每半年也应组织一次对项目监理机构"一体化"管理体系执行情况的检查，对存在问题下发整改通知单，限期整改。

（5）"一体化"管理体系运行中产生的记录由内审组保存，并每年年底整理归档交投标人档案室保存。项目监理机构撤销前，应整理本项目有关监理文件资料，填报"工程文件档案移交清单"，交监理单位业务管理部归档。

（6）为保证监理文件资料的完整性和系统性，要求监理人员平常就要注意监理文件资料的收集、整理、移交和管理。监理人员离开工地时不得带走监理文件资料，也不得违背监理合同中关于保守工程秘密的规定。

（7）监理文件资料应在各阶段监理工作结束后及时整理归档，按《建设工程文件归档整理规范》（GB/T 50328）、《电子文件归档与管理规范》（GB/T 18894）和《建设电子文件与电子档案管理规范》（CJJ/T 117）及当地建设工程质量监督机构、城市建设档案管理部门有关规定进行档案的编制及保存。档案资料应列明事件、题目、来源、概要，经办人、结果或其他情况，尽量做好内容和形式的统一。

（8）在工程完成并经过竣工验收后，项目监理机构应按监理合同规定，向建设单位移交监理文件资料。工程竣工存档资料应与建设单位取得共识，以使资料管理符合有关规定和要求。移交监理文件资料要登记造册、逐项清点、逐项签收，并在《监理文件资料移交清单》上完善经办人签名和移交、接收单位盖章手续。

（9）工程竣工验收合格后，项目监理机构应整理本项目相关的监理文件资料，对照当地城建档案管理部门有关规定，对遗失、破损的工程文件逐一登记说明，形成《监理文件资料移交清单》，交当地城建档案管理部门验收，取得"监理文件资料移交合格证明表"，连同工程竣工验收报告、备案验收证明等移交给监理单位资料室存档保存。

3.《建筑工程施工技术资料编制指南（2012 年版）》

1）归档的时间

（1）根据建设程序和工程特点，归档可以分阶段分期进行，也可以在单位或分部工程通过验收后进行。

（2）勘察、设计单位应当在任务完成时，施工、监理单位应当在工程竣工验收前，将各自形成的有关工程档案向建设单位归档。

（3）勘察、设计、施工单位在收齐工程文件并整理立卷后，建设单位、监理单位应根据城市建设档案馆（以下简称市城建档案馆）的要求对文件完整、准确、系统情况进行审查，审查合格后向建设单位移交。

2）归档的套数

（1）工程档案不少于两套，一套由建设单位保管，一套（原件）移交市城建档案馆。

（2）勘察、设计、施工、监理等单位向建设单位移交档案时，应编制移交清单，双方签字、盖章后方可交接。

（3）凡设计、施工及监理单位需要向本单位归档的文件，应按国家有关规定单独立卷归档。

3）文件要求

文字材料厚度不超过 3 cm，图纸厚度不超过 4 cm；印刷成册的工程文件保持原状。

参考文献

[1] 韦海民，郑俊耀. 建筑工程监理实务. 北京：中国计划出版社，2006.

[2] 王长永. 工程建设监理概论. 北京：中国计划出版社，2004.

[3] 中国建设监理协会. 建设工程监理概论. 北京：中国计划出版社，2004.

[4] 潘明远. 建设工程质量事故分析与处理. 北京：中国电力出版社，2007.

[5] 张敏，林滨滨. 工程监理实务模拟. 北京：中国建筑工业出版社，2009.

[6] 何伯森. 工程项目管理的国际惯例. 北京：中国建筑工业出版社，2007.

[7] 林寿，杨嗣信. 设备安装工程应用技术. 北京：中国建筑工业出版社，2009.

[8] 武佩牛. 建筑施工组织与进度控制. 北京：中国建筑工业出版社，2006.

[9] 仲景冰，周露. 工程项目管理. 北京：北京大学出版社，2006.

[10] 周松盛，周露. 建筑工程质量通病预控手册. 合肥：安徽科学技术出版社，2005.

[11] 韦节廷. 建筑设备工程. 武汉：武汉理工大学出版社，2004.

[12] 何伯森，张水波. 国际工程合同管理. 北京：中国建筑工业出版社，2005.

[13] 朱宏亮. 国际经济合作与法律基础. 北京：中国建筑工业出版社，1996.

[14] 邱闯. 国际工程合同原理与实务. 北京：中国建筑工业出版社，2002.

[15] 中国建设监理协会. 建设工程合同管理. 北京：中国建筑工业出版社，2013.

[16] 中国建设监理协会. 建设工程监理概论. 北京：知识产权出版社，2009.

[17] 中国建设监理协会. 建设工程投资控制. 北京：知识产权出版社，2005.

[18] 中国建设监理协会. 建设工程质量控制. 北京：知识产权出版社，2005.

[19] 刘志麟，孙刚. 工程建设监理案例分析教程. 北京：北京大学出版社，2011.

[20] 马虎臣，马振川. 建筑施工质量控制技术. 北京：中国建筑工业出版社，2007.

[21] 巢慧军. 建筑工程施工阶段测量的监理要点. 常州工学院学报，2004.

[22] 桑希海. 如何控制钢筋混凝土质量通病. 建筑学研究前沿，2012.

[23] 李昱. 浅析建设工程监理进度控制. 甘肃水利水电技术，2003.

[24] 梅钰. 如何承担监理的安全责任. 建设监理，2005.

[25] 高惠. 浅谈监理企业如何对安全生产进行监督与管理. 大陆桥视野，2012.

[26] 李凤. 建筑节能与高新技术. 建筑技术开发，2004.

[27] 黄乾. 谈工程监理信息的管理. 轻工设计，2011.

[28] 建筑施工手册（第五版）编写组. 建筑施工手册. 5 版. 北京：中国建筑工业出版社，
    2012.